林芝市城市园林景观
植物图鉴

Garden Landscape Plants Illustration of Nyingchi City

李文博　邢　震　张　华　姚霞珍　编著

西南交通大学出版社

·成　都·

和景观规划设计角度出发，便于相关专业学生在外出实习时，能够按照课堂上学到的相关知识，快速识别出采集的植物标本；二是立足高原生态安全屏障构筑需要，从"生态西藏""美丽西藏""幸福西藏"建设的角度出发，收集林芝市常见、成活率高、季相变化丰富、色泽鲜明、造型特征明显、养护管理成本低的植物作为城市园林景观植物，帮助园林及相关专业学生在进一步学习园林规划设计时，提升园林景观植物的造景和配置能力；三是立足西藏特有植物资源物种多、蕴藏量小的普遍现象，从资源保护和利用角度出发，便于园林专业学生在学习西藏园林景观植物资源利用和保护方面的特色课程中，能够快速了解、掌握其基本形态特征，为以后的具体工作奠定基础。

本图鉴具有适应性广的特点，不仅适宜于西藏本地院校园林及相关专业的需要，还可供地方城建部门、高等级公路养护单位、林业和草原局等单位参考使用。

在今后的工作中，园林教学团队将持续关注高原城市园林景观植物的机理、色彩季相性变化和造景配置设计应用，结合藏东南野生观赏植物的驯化、栽培等手段，丰富林芝市园林景观植物的种类，为美化高原城市景观，建设美丽西藏做出一定贡献。

本图鉴系园林教学团队对林芝市园林景观植物进行实地调研、整理的成果，得到了西藏农牧学院2020年林学学科创新项目、2019年中央奖补资金园林特色专业建设项目，以及西藏自治区教研项目"新农科背景下创新人才培养模式改革与研究"与"西藏农牧学院园林专业西藏自治区一流专业建设"等项目的支持。图鉴主要由西藏农牧学院李文博、邢震、张华、姚霞珍编著，2018级园林植物与观赏园艺方向研究生赵文涛和园林专业本科学生庞深深、陈梁为外业辅助人员，插图素材主要由李文博、张华、姚霞珍、邢震提供，庞深深、陈梁同学参与外业拍摄工作并提供部分插图素材。借此机会，谨向各位老师、同学表示衷心的感谢。

编　者

2021年11月

目录
CONTENTTS

目录

CONTENTTS

目录
CONTENTTS

日本落叶松

Larix kaempferi

【科属形态】

松科落叶松属，乔木，高达30 m。枝平展，树冠塔形。雄球花淡褐黄色，雌球花紫红色。花期4—5月，球果10月成熟。

【习　性】

喜光树种。浅根系，抗风力差。对气候的适应性强，有一定的耐寒性。喜肥沃、湿润、排水良好的沙壤土或壤土。对土壤的肥力和水分比较敏感，在气候干旱、土层贫瘠的地方生长受限；在气候湿润、土层深厚肥沃的地方生长较快。

【观赏及园林用途】

日本落叶松树干端直，姿态优美，叶色翠绿，适应范围广，生长初期较快，抗病性较强，是优良的园林树种，应用十分广泛。宜单植在宽广的草坪上或配植成观花树丛，或做行道树等。

【主色调】

绿色（夏）、黄色（冬）。

　■　CMYK值：72.49.90.54　　　■　CMYK值：23.40.62.1

林芝云杉

Picea likiangensis var. linzhiensis

【科属形态】

松科云杉属，乔木，高达50 m。枝平展，树冠塔形。花期4—5月，球果9—10月成熟。

【习　性】

产于西藏东南部、云南西北部、四川西南部海拔2900～3700 m地带。喜光、喜酸性土壤，耐贫瘠。

【观赏及园林用途】

观姿类。林芝云杉壮年植株的树冠塔形、大枝轮生，老株树冠下垂、飘逸，球果成熟前种鳞紫红色，鲜艳美丽，适于开发为孤景树、行道树，也可作为圣诞树，在西藏已经成功应用于园林建设中。

【主色调】

绿色。

CMYK值：57.49.86.37

黄杨小叶栒子

Cotoneaster buxifolius

（夏季）　　　　　　　　　　（冬季）

【科属形态】

蔷薇科栒子属，常绿至半常绿矮生灌木，高达1.5 m。叶片椭圆形至椭圆状倒卵形，先端急尖，基部宽楔形至近圆形，萼筒钟状，花瓣平展，果实近球形，红色。花期4—6月，果期9—10月。

【习　性】

分布在西藏产色季拉山地区，海拔2500～3300 m，四川、贵州、云南等地也有分布。生于多石砾坡地、灌木丛中。喜光，喜肥沃土壤，耐旱，耐寒。

【观赏及园林用途】

观果、观花类。优良绿篱植物，西藏园林中已经大量应用。植株低矮铺散，枝横展，具有广阔开展的枝条和较大的叶片及果实，夏季繁花密集枝头，秋季红色硕果累累，经冬不落，观赏价值很高，是布置岩石园、庭院、水土保持绿地等的良好材料，也是制作盆景的优良材料。此外，木材坚韧，可做手杖等；果实可以用于酿酒。

【主色调】

绿色（叶）、红色（果）。

　　■　CMYK值：65.55.81.68　　　■　CMYK值：20.100.100.13

水杉

Metasequoia glyptostroboides

（秋季）

【科属形态】

杉科水杉属，乔木，高达35 m，枝斜展，小枝下垂，幼树树冠尖塔形，老树树冠广圆形，枝叶稀疏；叶条形，球果下垂，近四棱状球形或矩圆状球形，成熟前绿色，熟时深褐色。花期2月下旬，球果11月成熟。

【习　性】

水杉为我国特产，仅分布于四川石柱县，湖北利川市磨刀溪、水杉坝一带，湖南西北部龙山及桑植等地海拔750～1500 m、气候温和、夏秋多雨、酸性黄壤土地区，在林芝海拔3000 m处可生长。水杉为喜光性强的速生树种，对环境条件的适应性较强。

【观赏及园林用途】

自水杉被发现以后，我国各地普遍引种，已成为受欢迎的绿化树种之一。生长快，可用作造林树种及四旁绿化树种。树姿优美，又为著名的庭园树种。

【主色调】

绿色（夏）、橙红色（秋）。

　　　　CMYK值：27.79.100.23　　　　　CMYK值：76.48.99.55

红叶石楠

Photinia × fraseri

（冬季）

【科属形态】

蔷薇科石楠属，为常绿小乔木或灌木，乔木高可达5 m，灌木高可达2 m。叶片革质，长圆形至倒卵状披针形，叶端渐尖，叶基楔形，叶缘有带腺的锯齿。花多而密，复伞房花序，花白色，梨果黄红色。5—7月开花，9—10月结果。

【习　性】

红叶石楠在温暖潮湿的环境生长良好，但是在直射光照下，色彩更为鲜艳。它也有极强的抗阴能力和抗干旱能力，抗盐碱性较好，耐修剪，适宜生长于各种土壤中，对气候以及气温的要求比较宽松，能抵抗低温的环境。

【观赏及园林用途】

一至两年生的红叶石楠可修剪成矮小灌木，在园林绿地中片植，或与其他色叶植物组合成各种图案，红叶时期，色彩对比非常显著。红叶石楠也可培育成独干不明显、丛生形的小乔木，群植成大型绿篱或幕墙，在居住区、厂区绿地、街道或公路绿化隔离带应用。红叶石楠还可培育成独干、球形树冠的乔木，在绿地中孤植，或用作行道树，或盆栽后在门廊及室内布置。

【主色调】

大红色（叶）。

CMYK值：10.99.100.2

雪松

Cedrus deodara

（冬季）

【科属形态】

松科雪松属，常绿乔木，树冠尖塔形，大枝平展，小枝略下垂。叶针形，在长枝上散生，短枝上簇生。10—11月开花。球果翌年成熟，椭圆状卵形，熟时赤褐色。

【习　性】

在气候温和凉润，土层深厚、排水良好的酸性土壤中生长旺盛。喜阳光充足，也稍耐阴。分布在海拔1300～3300 m，适应酸性土或微碱性土生长环境。

【观赏及园林用途】

雪松是世界著名的庭园观赏树种之一。它具有较强的防尘、减噪与杀菌能力，也适宜用作工矿企业绿化树种。雪松树体高大，树形优美，最适宜孤植于草坪中央、建筑前庭中心、广场中心或主要建筑物的两旁及园门的入口等处。其主干下部的大枝自近地面处平展，长年不枯，能形成繁茂雄伟的树冠。此外，列植于园路的两旁，形成甬道，亦极为壮观。

【主色调】

绿色。

CMYK值：72.44.100.40

杏梅

Armeniaca mume var. bungo Makino

【科属形态】

蔷薇科杏属，小乔木，稀灌木，高4~10 m，叶片椭圆形至椭圆状。花瓣倒卵形，白色至粉红色，香味浓。花期3—4月，果期5—6月（在华北果期延至7—8月）。

【习　性】

花期较晚，抗寒性较强。

【观赏及园林用途】

梅原产我国南方，已有3000多年的栽培历史，无论用作观赏树或果树均有许多品种。许多类型不但露地栽培供观赏，还可以栽为盆花，制作梅桩。

【主色调】

粉红色（花）。

CMYK值：33.79.36.5

（春季）

白柳

Salix alba

【科属形态】

　　杨柳科柳属，乔木，高达20（25）m，树冠开展。花序与叶同时开放。花期4—5月，果期5月。

【习　　性】

　　分布于我国新疆、甘肃、青海、西藏等省区。在伊朗、巴基斯坦、印度北部、阿富汗、俄罗斯、欧洲均有分布和引种。多沿河生长，可以生长在海拔3100 m处。

【观赏及园林用途】

　　木材轻软，纹理较直，结构较细，可供建筑、家具和农具或火柴秆用；枝条可供编织物用；嫩叶可做饲料。为速生的重要用材柳树之一，并为观赏树种和早春蜜源植物。

【主色调】

　　绿色（枝叶）。

　　■ CMYK值：54.42.97.24

（春季）

（春季）

塔柏

Juniperus chinensis 'Pyramidalis'

【科属形态】

柏科刺柏属，乔木，高达20 m，幼树枝条通常斜上伸展，形成尖塔形树冠，老树下部大枝平展，形成广圆形的树冠；刺叶三叶交互轮生，斜展，疏松，披针形，球果近圆球形。花期4月，球果当年10月成熟。

【习　性】

生于中性土、钙质土及微酸性土中，喜光树种，喜温凉、温暖气候及湿润土壤。各地多有栽培。

【观赏及园林用途】

塔柏材质致密、坚硬，桃红色，美观而有芳香，极耐久，可用作行道树，为普遍栽培的庭园树种。

【主色调】

绿色。

　CMYK值：60.49.99.40

光核桃

Cedrus deodara

（花期）

【科属形态】

　　蔷薇科桃属，落叶乔木，高3～10 m。小枝细长，绿色。叶片披针形或卵状披针形。花单生或2朵并生，萼筒紫红色，花瓣粉红色至白色，倒卵形，先端圆钝。核果近球形，核卵状椭圆形，扁而平滑，偶有浅沟。花期3—4月，果期7—8月。

【习　性】

　　分布在西藏产色季拉山地区，海拔2600～3500 m，常生长于针阔混交林中或山坡林缘。适应性强，耐干旱，喜光，在生境优越的地方生长迅速。

【观赏及园林用途】

　　观花类。光核桃花期芳香烂漫，是优良的园林树种，宜种植于山坡、河畔、石旁、墙边，可以在庭院、草坪群植，也是盆栽、制作桩景、切花的好材料。西藏民间常采摘果实制成干果脯，种仁入药。光核桃生长迅速，抗寒力、抗病性强，既是栽培品种桃的优良砧木，也是选育早实、抗寒、抗病品种的优秀育种材料。

【主色调】

　　绿色（叶）、粉白色（花）。

　　■　CMYK值：56.36.73.14　　　■　CMYK值：21.28.21.0

紫藤

Wisteria sinensis

【科属形态】

豆科紫藤属，落叶藤本。茎左旋，枝较粗壮，花冠紫色，旗瓣圆形，先端略凹陷，花开后反折。花期4月中旬至5月上旬，果期5—8月。

【习　性】

紫藤为暖带及温带植物，对气候和土壤的适应性强，较耐寒，能耐水湿及瘠薄土壤，喜光，较耐阴。以土层深厚、排水良好、向阳避风的地方栽培最适宜。

【观赏及园林用途】

观花类。我国自古即栽培作为庭园棚架植物，先叶开花，紫穗满垂缀以稀疏嫩叶，十分优美。

【主色调】

紫色（花）。

CMYK值：56.64.3.0

日本晚樱

Cerasus serrulata var. lannesiana

（春、夏季初）

【科属形态】

蔷薇科樱属植物，落叶乔木，按花色分有纯白、粉白、深粉至淡黄色，幼叶有黄绿、红褐至紫红诸色，花瓣有单瓣、半重瓣至重瓣之别。伞形花序，花期受气候影响较为明显，花期4—5月，果期6—7月。

【习　性】

樱花属浅根性树种，喜阳光、深厚肥沃而排水良好的土壤，有一定的耐寒能力。

【观赏及园林用途】

其花大而芳香，盛开时繁花似锦。樱花类既有梅之幽香又有桃之艳丽，一般来说，樱花以群植为佳，最宜行集团状群植，在各集团之间配植常绿树作为衬托，这样做不但能充分发挥樱花的观赏效果，而且有利于病虫害的防治。在庭园中有点景时，最好用不同数量的植株，成组地配植，而且应有背景树。山樱适合配植于大的自然风景区内，尤其在山区；可依不同海拔、小气候环境行集团式配植，这样还可延长观花期，丰富景物的趣味。东京樱花由于具有华丽的风采，故以用于城市公园中为佳。日本晚樱中花大而芳香的品种以及四季开花的"四季樱"等均宜植于庭园建筑物旁或行孤植；至于晚樱中的"大岛樱"则是滨海城市及工矿城市中的良好材料。

【主色调】

粉色（花）。

CMYK值：18.61.12.0

012

向日葵

Helianthus annuus

【科属形态】

菊科向日葵属，为一年生高大草本，最常见的向日葵高度为2.5～3.5 m，最高可达9.17 m。向日葵为头状花序，生长在茎的顶端，花冠的颜色有黄、褐、暗紫色等。花期6—9月，果期8—9月。

【习　性】

野生向日葵栖息地主要是草原以及干燥、开阔的地区。它们沿着路边、田野、沙漠边缘和草地生长。在阳光充足，潮湿或受干扰的地区生长最好。野生向日葵耐受高温和低温，但更耐低温，最佳温度范围在21～26℃。向日葵对土壤要求较低，在各类土壤中均能生长，从肥沃土壤到旱地、瘠薄、盐碱地均可种植。不仅具有较强的耐盐碱能力，而且还兼有吸盐性能。可以在碱性土壤中茁壮成长，抗旱性较强。

【观赏及园林用途】

向日葵花盘形似太阳，花色亮丽，纯朴自然，充满生机。一般成片种植，开花时金黄耀眼，极为壮观，深受大家喜爱。

【主色调】

黄色（花）。

CMYK值：2.8.99.0

金叶女贞

Ligustrum vicaryi

【科属形态】

木樨科女贞属，落叶灌木，株高2～3 m。叶革薄质，单叶对生，椭圆形或卵状椭圆形，先端尖，基部楔形，全缘。新叶金黄色，因此得名为金叶女贞，老叶黄绿色至绿色。总状花序，花为两性，呈筒状白色小花；核果椭圆形，内含一粒种子，颜色为黑紫色。花期5—6月，果期10月。

【习　性】

金叶女贞性喜光，耐阴性较差，耐寒力中等，适应性较强，以疏松肥沃、通透性良好的沙壤土地块栽培为佳。

【观赏及园林用途】

夏季开花，花朵为白色小花，呈团状，有淡香，花形优美，具有极高的观赏性。金叶女贞可以作为色叶绿篱，也可丛植，可塑性极高，能最大限度地满足园林修建的需求，且可以与多种叶片颜色搭配组合，为园林艺术增色。可与其他树种共同栽种，以满足园林混色的和谐感。还可以栽种在公园、游乐园之内，与其他树木搭配栽植，根据配色的方案将黄色叶片、红色叶片和绿色叶片巧妙搭配。

【主色调】

金色（叶）。

CMYK值：11.7.89.0

悬铃木

Platanus acerifolia

【科属形态】

悬铃木科悬铃木属，落叶大乔木，高可达35 m。枝条开展，树冠广阔，呈长椭圆形。单叶互生，叶大，叶片三角状，边缘有不规则尖齿和波状齿，基部截形或近心脏形。花期4—5月，9—10月果熟。

【习　性】

喜光。喜湿润温暖气候，较耐寒。适生于微酸性或中性、排水良好的土壤，微碱性土壤虽能生长，但易发生黄化。树干高大，枝叶茂盛，生长迅速，易成活，耐修剪，

【观赏及园林用途】

悬铃木是世界著名的优良庭荫树和行道树。适应性强，又耐修剪整形，是优良的行道树种，广泛应用于城市绿化，在园林中孤植于草坪或旷地，列植于甬道两旁，尤为雄伟壮观，又因其对多种有毒气体抗性较强，并能吸收有害气体，作为街坊、厂矿绿化颇为合适。

【主色调】

黄绿色。

CMYK值：22.15.100.0

乔松

Pinus wallichiana

（冬季）

【科属形态】

松科松属，乔木，高达70 m，枝条广展，形成宽塔形树冠；花期4—5月，球果第二年秋季成熟。

【习　性】

乔松生于针叶树阔叶树混交林中。分布于我国西藏南部海拔2500～3300 m地带及东南部、云南西北部海拔1600～2600 m地带。乔松喜低温潮湿气候，原产地的气候条件是：每年平均温度为7.5℃，1月平均温度为0.2℃，7月平均温度为14.4℃，年降雨量936.6 mm。乔松喜中性到微酸性土壤，根系穿透力强，耐瘠薄土壤，冬季怕干风。

【观赏及园林用途】

观姿树木，树干高大，挺直，材质优良，结构细，纹理直，较轻软。可做建筑、器具、枕木等用材，亦可提取松脂及松节油。生长快，为西藏南部及东南部的珍贵树种，可选作该地区的主要造林树种，也可做行道树。

【主色调】

绿色。

CMYK值：54.34.68.11

连翘

Forsythia suspensa

【科属形态】

木樨科连翘属，落叶灌木。株高可达3 m，枝干丛生，小枝黄色，拱形下垂，花冠黄色，果卵球形、卵状椭圆形或长椭圆形。花期3—4月，果期7—9月。

【习　性】

连翘喜光，有一定程度的耐阴性；喜温暖、湿润气候，也很耐寒；耐干旱瘠薄，怕涝；不择土壤，在中性、微酸或碱性土壤均能正常生长。

【观赏及园林用途】

连翘树姿优美、生长旺盛。早春先叶开花，且花期长、花量多，盛开时满枝金黄，芬芳四溢，令人赏心悦目，是早春优良观花灌木，可以做成花篱、花丛、花坛等，在绿化美化城市方面应用广泛，是观光农业和现代园林难得的优良树种。

【主色调】

黄色（花）。

CMYK值：30.19.80.1

干香柏

Cupressus duclouxiana

【科属形态】

柏科柏木属，乔木，高可达25 m，树干端直，枝条密集。

【习　性】

干香柏生长在海拔1400～3300 m的地带；散生于干热或干燥山坡的林中，或成小面积纯林（如丽江雪山等地）。喜气候温和、夏秋多雨、冬春干旱的山区，在深厚、湿润的土壤中生长迅速。

【观赏及园林用途】

干香柏林木葱茂，挺拔苍劲，在城市园林绿化植物的配置中，具有古朴典雅的美感，能增添城市园林清雅的情趣，是城市庭园绿化中功能独特的树种。

【主色调】

绿色。

CMYK值：51.16.49.0

白桦

Betula platyphylla Suk.

【科属形态】

桦木科桦木属，乔木，高可达27 m，白桦的叶为单叶互生，叶边缘有锯齿，花为单性花，雌雄同株，春天树上的叶还没长出来的时候就开花了。白桦树的果实扁平且很小，叫翅果，很容易被风刮起来传到远处。花期5—6月，8—10月果熟。

【习　性】

喜光，不耐阴，耐严寒。对土壤适应性强，喜酸性土，沼泽地、干燥阳坡及湿润阴坡都能生长。深根性、耐瘠薄，常与红松、落叶松、山杨、蒙古栎混生或成纯林。天然更新良好，生长较快，萌芽强，寿命较短。

【观赏及园林用途】

白桦林即白桦树组成的林木。枝叶扶疏，姿态优美，尤其是树干修直，洁白雅致，十分引人注目。孤植、丛植于庭园、公园草坪、池畔、湖滨或列植于道旁均颇美观。若在山地或丘陵坡地成片栽植，可组成美丽的风景林。

【主色调】

绿色。

CMYK值：59.37.100.20

金钟花

Forsythia viridissima

【科属形态】

木樨科连翘属，落叶灌木，高可达3 m，花期3—4月，果期8—11月。

【习　性】

生于山坡灌丛中、溪岸、林缘。为温带、亚热带树种，喜光，耐半阴，耐旱，耐寒，忌湿涝，生于海拔400～1200 m的山地半阴坡的平缓地。

【观赏及园林用途】

金钟花枝条拱形展开，早春先花后叶，满枝金黄，艳丽可爱，宜丛植于草坪、角隅、岩石假山下，或在路边、院内庭前做基础栽培。

【主色调】

黄色（花）。

CMYK值：7.1.52.0

郁金香

Tulipa gesneriana

【科属形态】

百合科郁金香属，多年生草本植物，花单生茎顶，大型，直立杯状，洋红色，鲜黄至紫红色，基部具有墨紫斑，花被片6枚，离生，倒卵状长圆形，花期3—5月。

【习　性】

郁金香属长日照花卉，性喜向阳、避风，冬季温暖湿润，夏季凉爽干燥的气候。8℃以上即可正常生长，一般可耐－14℃低温。耐寒性很强，在严寒地区如有厚雪覆盖，鳞茎就可在露地越冬；但怕酷暑，如果夏天来得早，盛夏又很炎热，则鳞茎休眠后难于度夏。要求腐殖质丰富、疏松肥沃、排水良好的微酸性沙质壤土，忌碱土和连作。

【观赏及园林用途】

郁金香是世界著名的球根花卉，还是优良的切花品种，花卉刚劲挺拔，叶色素雅秀丽，荷花似的花朵端庄动人，惹人喜爱。在欧美被视为胜利和美好的象征，荷兰、伊朗、土耳其等许多国家将其视为国花。

【主色调】

红色（花）。

CMYK值：0.99.86.0

秋英

Cosmos bipinnata

【科属形态】

菊科秋英属，一年生或多年生草本，高1~2 m。叶二次羽状深裂，裂片线形或丝状线形。头状花序单生，花柱具短突尖的附器。瘦果黑紫色，长8~12 mm。花期6—8月，果期9—10月。

【习　性】

秋英生长于海拔2700 m以下的路旁、田埂、溪岸等地。喜温暖和阳光充足的环境，耐干旱，忌积水，不耐寒，适宜肥沃、疏松和排水良好的土壤栽植。

【观赏及园林用途】

秋英耐贫瘠，株型高大，花色较多，可用于公园、花园、草地边缘、道路旁、小区旁的绿化栽植，也可用于布置花境。

【主色调】

粉色、紫色（花）。

■ CMYK值：24.100.35.2
▨ CMYK值：15.39.10.0

月 季

Betula platyphylla Suk.

【科属形态】

　　蔷薇科蔷薇属，是常绿、半常绿低矮灌木，四季开花，一般为红色或粉色，偶有白色和黄色。现代月季花型多样，有单瓣和重瓣，还有高心卷边等优美花型；其色彩艳丽、丰富，不仅有红、粉黄、白等单色，还有混色、银边等品种；多数品种有芳香。月季的品种繁多，世界上已有近万种，中国也有千种以上。

【习　性】

　　月季花对气候、土壤要求虽不严格，但以疏松、肥沃、富含有机质、微酸性、排水良好的壤土较为适宜。性喜温暖、日照充足、空气流通的环境。

【观赏及园林用途】

　　月季花在园林绿化中，有着不可或缺的价值，在南北园林中，月季是使用次数最多的一种花卉。月季花是春季主要的观赏花卉，其花期长，观赏价值高，价格低廉，受到各地园林的喜爱。可用于园林布置花坛、花境、庭院花材，可制作月季盆景，做切花、花篮、花束等。月季因其攀缘生长的特性，主要用于垂直绿化，在园林街景，美化环境中具有独特的作用。如能构成赏心悦目的廊道和花柱，做成各种拱形、网格形、框架式架子供月季攀附，再经过适当的修剪整形，可装饰建筑物，成为联系建筑物与园林的巧妙"纽带"。

【主色调】

　　红色（花）。

　　CMYK值：5.91.6.0

蒙桑

Forsythia viridissima

【科属形态】

桑科桑属，落叶乔木或灌木，花期3—4月，果期4—5月。

【习　性】

生于海拔1900m~3500 m的山地或林中。

【观赏及园林用途】

观叶类，孤植。

【主色调】

黄色（叶）。

CMYK值：9.8.92.0

红枫

cer palmatum 'Atropurpureum'

【科属形态】

槭树科槭属，鸡爪槭的一个品种。落叶小乔木，树高2～4 m，枝条多细长光滑，偏紫红色。叶掌状。花顶生伞房花序，紫色。早春发芽时，嫩叶艳红，叶片舒展后渐脱落，叶色亦由艳丽转淡紫色甚至泛暗绿色。花期5月，果期9月。

【习　性】

红枫是亚热带树种，性喜湿润、温暖的气候和凉爽的环境，喜光但忌烈日暴晒，属中性偏阴树种，较耐阴，夏季遇干热风吹袭会造成叶缘枯卷，高温日灼还会损伤树皮，较耐寒，黄河以北，则宜盆栽，冬季入室为宜，但春、秋季也能在全光照下生长。对土壤要求不严，适宜在肥沃、富含腐殖质的酸性或中性沙壤土中生长，不耐水涝。

【观赏及园林用途】

红枫是一种非常美丽的观叶树种，其叶形优美，红色鲜艳持久，错落有致，树姿美观。广泛用于园林绿地及庭院做观赏树，以孤植、散植为主，宜布置在草坪中央、高大建筑物前后、角隅等地，红叶绿树相映成趣。它也可盆栽做成露根、倚石、悬崖、枯干等形状，风雅别致。

【主色调】

红色（叶）。

CMYK值：13.100.100.4

菊花

Dendranthema morifolium

【科属形态】

菊科菊属，多年生宿根草本植物，高60～150 cm。花色有红、黄、白、橙、紫、粉红、暗红等各色，培育的品种极多，头状花序多变化，形色各异，因品种而有单瓣、平瓣、匙瓣等多种类型，当中为管状花，常全部特化成各式舌状花；花期9—11月。

【习　性】

菊花为短日照植物，在短日照下能提早开花。喜阳光，忌荫蔽，较耐旱，怕涝。喜温暖湿润气候，但亦能耐寒，严冬季节根茎能在地下越冬。花能经受微霜，但幼苗生长和分枝孕蕾期需较高的气温。最适生长温度为20℃左右。

【观赏及园林用途】

菊花生长旺盛，萌发力强，一株菊花经多次摘心可以分生出上千个花蕾，有些品种的枝条柔软且多，便于制作各种造型，组成菊塔、菊桥、菊篱、菊亭、菊门、菊球等形式精美的造型。又可培植成大立菊、悬崖菊、十样锦、盆景等，形式多变，蔚为奇观，为每年的菊展增添了无数的观赏艺术品。

【主色调】

黄色（花）。

CMYK值：11.5.97.0

元宝枫

Acer truncatum

【科属形态】

槭树科槭树属，落叶乔木，高8～10 m。单叶对生，掌状5裂，裂片先端渐尖，有时中裂片或中部3裂片又3裂，叶基通常截形，最下部两裂片有时向下开展。花小而黄绿色，花成顶生聚伞花序，4月花与叶同放。翅果扁平，翅较宽而略长于果核，形似元宝。

【习　性】

耐阴，喜温凉湿润气候，耐寒性强，但过于干冷则对生长不利，在炎热地区也如此。对土壤要求不严，在酸性土、中性土及石灰性土中均能生长，但以湿润、肥沃、土层深厚的土中生长最好。深根性，生长速度中等，病虫害较少。对二氧化硫、氟化氢的抗性较强，吸附粉尘的能力亦较强。

【观赏及园林用途】

元宝枫嫩叶红色，秋叶黄色、红色或紫红色，树姿优美，叶形秀丽，为优良的观叶树种。宜用作庭荫树、行道树或风景林树种。现多用于道路绿化。是优良的防护林、用材林、工矿区绿化树种。

【主色调】

红色（叶）。

CMYK值：14.63.100.2

山荆子

Malus baccata

【科属形态】

蔷薇科苹果属，乔木，高10～14 m，树冠广圆形，幼枝细弱，微屈曲。叶片椭圆形，先端渐尖，基部楔形，叶缘锯齿细锐。伞形总状花序。花白色，花期4—5月，果期8—9月。

【习　性】

生山坡杂木林中及山谷阴处灌木丛中，海拔50～1500 m，可生长在海拔3000 m处。喜光，耐寒性极强（有些类型能抗－50℃的低温），耐瘠薄，不耐盐，深根性，寿命长，多生长于花岗岩、片麻岩山地和淋溶褐土地带海拔800～2550 m的山区。在不同的生态条件下，各地又有各地的适宜类型。

【观赏及园林用途】

树姿优雅娴美，花繁叶茂，白花、绿叶、红枝互相映托美丽鲜艳，是优良的观赏树种。幼树树冠圆锥形，老时圆形，早春开放白色花朵，秋季结成小球形红黄色果实，经久不落，很美丽，可用作庭园观赏树种。

【主色调】

红色（叶）。

CMYK值：31.98.99.41

二乔玉兰

Magnolia soulangeana

【科属形态】

木兰科玉兰属，落叶小乔木，高6～10 m，花蕾卵圆形，花先叶开放，浅红色至深红色，花期2—3月，果期9—10月。

【习　性】

耐旱耐寒。喜光，适合生长于气候温暖地区，不耐积水和干旱。喜中性、微酸性或微碱性的疏松肥沃的土壤以及富含腐殖质的沙质壤土，但不能生长于石灰质和白垩质的土壤中。可耐－20℃的短暂低温。

【观赏及园林用途】

二乔玉兰是早春色、香俱全的观花树种，花大色艳，观赏价值很高，是城市绿化的极好花木。广泛用于公园、绿地和庭园等孤植观赏。可用于排水良好的沿路及沿江河生态景观建设。

【主色调】

粉色（花）。

CMYK值：9.44.45.0

金鸡菊

Coreopsis drummondii

【科属形态】

菊科金鸡菊属，一年生或两年生草本植物，高可达60 cm，叶片羽状分裂，裂片圆卵形至长圆形，头状花序单生枝端，外层总苞片与内层近等长，舌状花黄色，基部紫褐色，状黑紫色。瘦果倒卵形，7—9月开花。

【习　性】

金鸡菊类耐寒耐旱，对土壤要求不严，喜光，但耐半阴，适应性强，对二氧化硫有较强的抗性。在地势向阳、排水良好的沙质壤土中生长较好。在肥沃而湿润的土壤中枝叶茂盛，开花反而减少。整个生长过程忌暑热，喜光，耐干旱瘠薄，栽培管理粗放。

【观赏及园林用途】

金鸡菊花朵繁盛鲜艳，冬叶长绿，至冬不凋，花期长达2个月，植株生长健壮，栽培繁殖容易，为很好的观花常绿植物。枝叶密集，尤其是冬季幼叶萌生，鲜绿成片。春夏之间，花大色艳，常开不绝。还能自行繁衍，是好的疏林地被。可观叶，也可观花。在屋顶绿化中用作覆盖材料效果也好，还可用作花境材料。也可在草地边缘、向阳坡地、林场成片栽植，其枝、叶、花可供艺术切花用，用于制作花篮或插花。

【主色调】

红、黄渐变（花）。

　　CMYK值：10.16.100.0　　　CMYK值：1.84.34.0

轮叶八宝

Hylotelephium

【科属形态】

景天科八宝属，多年生草本，高40～100 cm。花期7—8月，果期9月。

【习　性】

生于山坡草丛中或沟边阴湿处。分布于吉林、辽宁、河北、山西、陕西、甘肃、山东、江苏、安徽、浙江、河南、湖北、四川等地，海拔900～2900 m。

【观赏及园林用途】

园林建设中多成片种植。

【主色调】

粉色（花）。

CMYK值：9.39.0.0

大丽花
Dahlia pinnata

【科属形态】

菊科大丽花属，多年生草本，有巨大棒状块根。茎直立，多分枝，高1.5～2 m，粗壮。花期6—12月，果期9—10月。

【习　性】

大丽花喜半阴，阳光过强影响开花，喜欢凉爽的气候，9月下旬开花最大、最艳、最盛，但不耐霜，霜后茎叶立刻枯萎。生长期内对温度要求不严，8～35℃均能生长，15～25℃为宜。不耐干旱，不耐涝，适宜栽培于土壤疏松、排水良好的肥沃沙质土壤中。

【观赏及园林用途】

大丽花之所以被称为世界名花之一，主要是因为它的花期长、花径大、花朵多。在北方地区，花期从5月至11月中旬，在温度适宜条件下可周年开花不断，以秋后开花最盛。精品大丽花最大花径可达到30～40 cm，是花卉中独一无二的。花色有红、紫、白、黄、橙、墨、复色七大色系，花朵有单瓣和重瓣，单瓣花朵开放时间短，重瓣花朵开放时间较长。花朵特征与瓣形变化是品种鉴定的主要依据，有球形、菊花形、牡丹形、装饰形、碟形、盘形、绣球形和芍药形等花形的品种群体，以色彩瑰丽，花朵优美而闻名。因此大丽花适宜花坛、花径或庭前丛植，矮生品种可用作盆栽。

【主色调】

红色（花）。

CMYK值：0.98.98.0

卷丹

Lilium lancifolium

【科属形态】

卷丹百合科百合属，落叶草本，花期7—8月，果期9—10月。

【习　　性】

喜凉爽、潮湿环境，日光充足的地方、略荫蔽的环境对百合更为适合。忌干旱、忌酷暑，耐寒性稍差。百合生长、开花温度为16～24℃，低于5℃或高于30℃生长几乎停止，10℃以上植株才正常生长，超过25℃时生长又停滞，如果冬季夜间温度低于5℃，持续5～7 d，花芽分化、花蕾发育会受到严重影响，推迟开花甚至盲花、花裂。百合喜肥沃、腐殖质多的深厚土壤，最忌硬黏土；排水良好的微酸性土壤为好，土壤pH值为5.5～6.5。

【观赏及园林用途】

卷丹因为其花瓣向外翻卷，花色火红，故有"卷丹"之美名。将其地栽于庭院则夏季可观赏花朵。国外已成为重要观赏花卉。其花形奇特，摇曳多姿，不仅适于园林中花坛、花境及庭院栽植，也是切花和盆栽的良好材料。

【主色调】

橙红色（花）。

CMYK值：0.72.100.0

榆叶梅

Amygdalus triloba

【科属形态】

　　蔷薇科桃属，灌木稀小乔木，高2～3 m；枝条开展，花1～2朵，先于叶开放，花期4—5月，果期5—7月。

【习　性】

　　喜光，稍耐阴，耐寒，能在－35℃下越冬。对土壤要求不严，以中性至微碱性的肥沃土壤为佳。根系发达，耐旱力强。不耐涝。抗病力强。生于低至中海拔的坡地或沟旁乔、灌木林下或林缘。

【观赏及园林用途】

　　榆叶梅其叶像榆树，其花像梅花，所以得名"榆叶梅"。榆叶梅枝叶茂密，花繁色艳，是中国北方园林、街道、路边等重要的绿化观花灌木树种。其植物有较强的抗盐碱能力。适宜种植在公园的草地、路边或庭园中的角落、水池等地。如果将榆叶梅种植在常绿树周围或种植于假山等地，其效果更理想，能够让其具有良好的观赏效果。与其他花色的植物搭配种植，在春秋季花盛开时候，花形、花色均极美观，各色花争相斗艳，景色宜人，是不可多得的园林绿化植物。

【主色调】

　　红色（花）。

　　CMYK值：0.68.52.0

紫穗槐

Amorpha fruticosa

【科属形态】

豆科紫穗槐属，落叶灌木，高1～4 m。花果期5—10月。

【习　性】

紫穗槐喜欢干冷气候，在年均气温10～16℃，年降水量500～700 mm的华北地区生长最好。耐寒性强，耐干旱能力也很强，能在降水量200 mm左右地区生长。也具有一定的耐淹能力，浸水1个月也不至死亡。对光线要求充足。对土壤要求不严。

【观赏及园林用途】

紫穗槐虽为灌木，但枝条直立匀称，可以经整形培植为直立单株，树形美观。紫穗槐抗风力强，生长快，生长期长，枝叶繁密，是防风林带紧密种植结构的首选树种。紫穗槐郁闭度强，截留雨量能力强，萌蘖性强，根系广，侧根很多，生长快，不易生病虫害，具有根瘤，改良土壤作用强，是保持水土的优良植物。

【主色调】

深紫色（花）。

CMYK值：59.76.37.19

北京杨

Populus beijingensis

【科属形态】

杨柳科杨属，乔木，高可达25 m。树干通直、光滑；树冠卵形或广卵形。花期3月。

【习　性】

在土壤水肥条件较好的立地条件下，生长较快，12年生高达23.5 m，胸径28 cm，可供建筑用材。抗寒性不如小黑杨，在吉林以北易受冻害形成破肚病，在干旱瘠薄和含盐碱的土壤上生长较差。

【观赏及园林用途】

北京杨具有速生、耐旱、耐寒、耐瘠薄等特性，主要在中国北方寒冷干旱或南方高海拔地区栽培应用，在生产上较其他杨树无性系具有更好的生长和适应性优势。为分布区内适应环境的防护林和四旁绿化的优良速生树种。

【主色调】

绿色（多年）、黄色（一年）。

CMYK值：66.41.94.29　　　　CMYK值：30.16.100.0

核桃

Juglans regia

【科属形态】

胡桃科胡桃属，乔木，高达20～25 m；树干较别的种类矮，树冠广阔。花期5月，果期10月。

【习　性】

核桃树喜光，耐寒，抗旱、抗病能力强，适应多种土壤生长，喜肥沃湿润的沙质壤土，喜水、肥，同时对水肥要求不严。落叶后至发芽前不宜剪枝，否则易产生伤流。适宜大部分土地生长。喜石灰性土壤，常见于山区河谷两旁土层深厚的地方。

【观赏及园林用途】

核桃树冠雄伟，树干洁白，枝叶繁茂，绿荫盖地，在园林中可用于道路绿化，有防护作用。

【主色调】

绿色。

■ CMYK值：59.46.100.33

Choisyamum wallich

多蕊金丝桃

【科属形态】

藤黄科金丝桃属，灌木，高可达2 m，丛状，花期4—6月，果期9月。

【习　性】

多蕊金丝桃容易生长，适应性强，喜光，具有耐旱、耐寒、耐瘠薄土壤的优良特点，适宜各种土壤生长。

【观赏及园林用途】

多蕊金丝桃植物的适应性强，适宜于环境恶劣的工矿区、高速公路沿线斜坡、高尔夫球场的绿化。多蕊金丝桃植物的花深杯形，叶及其形态均具有较高的观赏价值，其花色泽鲜黄（鲜为白色），花形端庄，花期较长，其枝叶繁茂，叶色秀丽，树形柔美，果实鲜红色，具有广泛的园林应用前景，可用于：

（1）切花栽培；（2）盆栽观赏；（3）花坛和分车带丛植；

（4）绿篱和庭院种植；（5）点缀于草坪和林缘。

【主色调】

柠檬黄（花）。

CMYK值：6.0.98.0

孔雀草

Tagetes patula

【科属形态】

　　菊科万寿菊属，一年生草本植物。茎直立，分枝斜展。叶羽状分裂，头状花序单生，管状花花冠黄色，瘦果线形，花期7—9月。

【习　性】

　　生于海拔750～1600 m的山坡草地、林中，或在庭园栽培。该品种在林芝（海拔2970 m）生长良好。喜阳光，但在半阴处栽植也能开花。它对土壤要求不严。既耐移栽，又生长迅速，栽培管理也很容易。撒落在地上的种子在合适的温、湿度条件中可自生自长，是一种适应性十分强的花卉。

【观赏及园林用途】

　　由于一串红承受不了"五一"的低温，又经不起"十一"的早霜，盛夏的酷暑可使大多植株呈半死状态。因此，孔雀草已逐步成为花坛、庭院的主体花卉。它的橙色、黄色花极为醒目。

【主色调】

　　橘黄色（花）。

　　　　　　CMYK值：0.42.87.0

太白深灰槭

Acer caesium subsp. giraldii

【科属形态】

槭树科槭属，落叶乔木，树皮灰色。小枝圆柱形，淡紫褐色，有时略有白粉，无毛。冬芽卵圆形，鳞片钝尖，边缘纤毛状。叶纸质，基部心脏形。花淡黄绿色，杂性，雄花与两性花同株。翅果长4～5 cm，张开近于直立，小坚果凸起，深褐色，嫩时被疏柔毛，翅倒卵形，嫩时淡紫绿色，成熟后淡黄色。

【习　性】

太白深灰槭（亚种）生长在海拔2000～3700 m的山地疏林中。

【观赏及园林用途】

园林中多用于孤植或成片种植。

【主色调】

绿色（叶）。

CMYK值：55.10.66.0

皱皮木瓜

Chaenomeles speciosa

【科属形态】

蔷薇科木瓜属，落叶灌木，高达2 m，枝条直立开展，有刺；小枝圆柱形，微屈曲，花先叶开放，3～5朵簇生于两年生老枝上；果实球形或卵球形，味芳香。花期3—5月，果期9—10月。

【习　性】

温带树种。适应性强，喜光，也耐半阴，耐寒，耐旱。对土壤要求不严，在肥沃、排水良好的黏土、壤土中均可正常生长，忌低洼和盐碱地。

【观赏及园林用途】

早春先花后叶，很美丽。枝密多刺，可用作绿篱。公园、庭院、校园、广场等道路两侧可栽植皱皮木瓜树，亭亭玉立，花果繁茂，灿若云锦，清香四溢，效果甚佳。皱皮木瓜作为独特孤植观赏树或三五成丛地点缀于园林小品或园林绿地中，也可培育成独干或多干的乔灌木做片林或庭院点缀；春季观花，夏秋赏果，淡雅俏秀，多姿多彩，使人百看不厌。皱皮木瓜可制作多种造型的盆景，被称为盆景中的十八学士之一。皱皮木瓜盆景可置于厅堂、花台、门廊角隅、休闲场地，可与建筑合理搭配，使庭园胜景倍添风采，被点缀得更加幽雅清秀。

【主色调】

粉、白渐变色（花）。

CMYK值：21.28.21.0

西南花楸

Sorbus rehderiana

【科属形态】

蔷薇科花楸属，灌木或小乔木，高3～8 m；小枝粗壮，圆柱形，暗灰褐色或暗红褐色，具皮孔，无毛；冬芽长卵形。复伞房花序具密集的花朵，总花梗和花梗上均有稀疏锈褐色柔毛，成长时逐渐脱落，至果实成熟时几无毛。果实卵形，粉红色至深红色，先端有宿存闭合萼片。花期6月，果期9月。

【习　性】

喜凉润，喜肥，畏炎热。常生于海拔2600～4300 m的山坡暗针叶林下、河谷林缘及灌丛。分布于缅甸北部和中国；在中国分布于四川、云南、西藏。

【观赏及园林用途】

西南花楸的花果均具有观赏价值，是较好的观赏树种。

【主色调】

粉色、白色（果）。

CMYK值：4.39.26.0　　CMYK值：14.10.11.0

血满草

Sambucus adhnata

【科属形态】

忍冬科接骨木属，多年生高大草本或半灌木，高1～2 m；根和根茎红色，折断后流出红色汁液。花小，有恶臭，花冠白色，花药黄色；果实红色，圆形。花期5—7月，果熟期9—10月。

【习　性】

生于海拔1600～3600 m的林下或沟边灌丛中。分布于陕西、宁夏、甘肃、青海、四川、贵州、云南和西藏等地。

【观赏及园林用途】

观叶、观花、观果，园林中多用于孤植或成片种植。

【主色调】

橘红色（果）。

CMYK值：0.47.74.0

圆锥山蚂蝗

Desmodium elegans

【科属形态】

豆科山蚂蝗属，多分枝灌木；叶为羽状三出复叶；小叶纸质，形状、大小变化较大，卵状椭圆形、宽卵形、菱形或圆菱形；花序顶生或腋生，顶生者多为圆锥花序，腋生者为总状花序；荚果扁平，线形。花、果期6—10月。

【习　性】

生于松、栎林缘，林下，山坡路旁或水沟边，海拔1000～3700 m。分布于陕西西南部、甘肃、四川、贵州西北部、云南西北部和西藏。

【观赏及园林用途】

观花类。在园林应用中多成片种植。

【主色调】

粉色（花）。

CMYK值：8.40.0.0

凤尾丝兰

Luccagloriosa

【科属形态】

龙舌兰科龙舌兰属，是一种多年生热带硬质叶纤维作物，茎粗短；叶呈莲座式排列，剑形；花黄绿色，有浓烈的气味。花期6—7月。

【习　性】

喜高温多湿和雨量均匀的高坡环境，尤其日间高温、干燥、充分日照，夜间多雾露的气候最为理想。适宜生长的气温为27～30℃，适宜的年降雨量为1200～1800 mm。其适应性较强、耐瘠、耐旱，怕涝，但生长力强，适应范围很广，宜种植于疏松、排水良好、地下水位低而肥沃的沙质壤土，排水不良、经常潮湿的地方则不宜种植。耐寒力较低，易发生生理性叶斑病。

【观赏及园林用途】

凤尾丝兰具有环境适应能力强、美化绿化效果好、抗污染和净化空气的能力强、经济价值好的特点，广泛用于道路绿化、公园、街区景点绿化、工厂绿化和家庭绿化等方面。常年浓绿、花、叶皆美，树态奇特，数株成丛，高低不一，叶形如剑，开花时花茎高耸挺立，花色洁白，繁多的白花下垂如铃，姿态优美，花期持久，幽香宜人，是良好的庭园观赏树木，也是良好的鲜切花材料。常植于花坛中央、建筑前、草坪中、池畔、台坡、路旁及绿篱等。

【主色调】

奶油色（花）。

CMYK值：1.0.14.0

绢毛木姜子

Sorbus rehderiana

【科属形态】

樟科木姜子属，落叶灌木或小乔木，高可达6 m。幼枝绿色，密被锈色或黄白色长绢毛；叶片长圆状披针形。花期4—5月，果期8—9月。

【习　性】

生于山坡路旁、灌木丛中或针阔叶混交林中。分布于四川西部、云南西北部、西藏东南部。

【观赏及园林用途】

观叶、观花。园林应用中多孤植、成片种植或做行道树。

【主色调】

绿色、黄色（花）。

CMYK值：18.7.90.0

毛叶绣球

Hydrangea heteromalla

【科属形态】

虎耳草科绣球花属，落叶灌木，有时乔木状，高2～6 m。叶对生，具柄；叶片椭圆形至卵形，边缘有带刚毛之细锯齿；复伞房花序，具多花，花序梗和花梗均被绒毛。蒴果半突出萼筒。花、果期6—10月。

【习　性】

生于海拔2300～3400 m的林下、灌丛中。

【观赏及园林用途】

观叶、观花，园林应用中多孤植。

【主色调】

浅绿色（花）。

CMYK值：10.0.12.0

藏川杨

Populus szechuanica var. tibetica

【科属形态】

杨柳科杨属，皮光滑或具纵沟，髓心五角状。具顶芽，芽先端尖。单叶互生，叶两面均有气孔，多为卵圆形、卵圆状披针形或三角状卵形。雄性无飞絮。花期4—5月，花先叶开放，无花被。果期5—6月，蒴果，种子小，具白色绵毛。

【习　性】

生长于海拔2000～4500 m的高山地带。喜温凉湿润气候，较耐阴冷，对土壤要求不严，在空旷干燥的环境中生长不良。分布于年均气温4～12℃，年相对湿度60%以上的高山地带或高纬度地区。

【观赏及园林用途】

藏川杨用于防风固沙、农田防护、水土保持。因其使用价值高，深受当地人民喜爱，并广泛应用于中国各地市的造林绿化。

【主色调】

绿色。

CMYK值：52.0.100.0

草红花

Carthamus tinctorius

【科属形态】

菊科红花属，一年生草本。高（20）50～100（150）cm，茎直立，上部分枝，全部茎枝白色或淡白色，光滑，无毛。中下部茎叶披针形、披状披针形或长椭圆形。小花红色、橘红色，全部为两性。花果期5—8月。

【习　性】

红花喜温暖、干燥气候，抗寒性强，耐贫瘠。抗旱怕涝，适宜在排水良好、中等肥沃的沙壤土种植，以油沙土、紫色夹沙土最为适宜。种子容易萌发，5℃以上就可萌发，发芽适温为15～25℃，发芽率为80%左右。适应性较强，生长周期120 d。

【观赏及园林用途】

观花。园林应用中多用于花坛种植。

【主色调】

红色、黄色（花）。

■ CMYK值：16.100.100.7　　□ CMYK值：1.12.100.0

牛奶子

Elaeagnus umbellate

【科属形态】

胡颓子科胡颓子属，落叶直立灌木，小枝甚开展，多分枝，幼枝密被银白色和少数黄褐色鳞片，有时全被深褐色或锈色鳞片，老枝鳞片脱落，灰黑色；芽银白色或褐色至锈色。叶纸质或膜质，椭圆形至卵状椭圆形或倒卵状披针形，成熟后全部或部分脱落，干燥后淡绿色或黑褐色，下面密被银白色和散生少数褐色鳞片，果实几球形或卵圆形，幼时绿色，被银白色或有时全被褐色鳞片，成熟时红色；果梗直立。花期4—5月，果期7—8月。

【习　性】

牛奶子为亚热带和温带地区常见的植物，生长于海拔20～3000 m的向阳的林缘、灌丛中，荒坡上和沟边。由于环境的变化和影响，植物体各部形态、大小、颜色、质地均有不同程度的变化。

【观赏及园林用途】

观叶、观花、观果。园林应用中多成片种植。牛奶子还是水土保持和防沙造林的良好树种，可有效地控制水土流失。

【主色调】

红色（果）。

CMYK值：25.100.100.26

草莓凤仙花

Hydrangea heteromalla

【科属形态】

凤仙花科凤仙花属，一年生草本植物，高可达100 cm。茎纤细无毛，叶互生，膜质，椭圆状卵形或椭圆形，边缘具圆齿，齿基部有刚毛，总花梗通常腋生或近顶生，花梗丝状或纤细，苞片宿存，卵状披针形，花较宽大，淡黄色或淡紫色，具红色纹条，旗瓣圆形，翼瓣无柄，唇瓣短斜囊状，花药钝。蒴果线形，种子长圆形，褐色，平滑。花期6—8月。

【习　性】

《广群芳谱》中记载"人家多种之，极易生。二月下子，随时可再种。即冬月严寒，种之火炕，亦生苗"。其果实很特别，成熟果实稍遇外力便弹裂开来。喷洒出去的种子散落于周围，第二年就会长出一颗一颗的凤仙花，以此"扩充地盘"，延续后代。

【观赏及园林用途】

观花，园林应用中多种植于花坛。

【主色调】

紫红色、白色（花）。

CMYK值：29.100.80.36　　CMYK值：13.6.8.0

唐菖蒲

Elaeagnus umbellate

【科属形态】

鸢尾科唐菖蒲属，多年生草本。球茎扁圆球形，其原种来自南非好望角，经多次种间杂交而成，栽培品种广布世界各地。花茎高出叶上，花冠筒呈膨大的漏斗形，花色有红、黄、紫、白、蓝等单色或复色品种。花期7—9月，果期8—10月。

【习　性】

唐菖蒲是喜温暖的植物，但气温过高对生长不利，不耐寒，生长适温为20~25℃。它是典型的长日照植物，长日照有利于花芽分化，但在花芽分化以后，短日照有利于花蕾的形成和提早开花。夏花种的球根都必须在室内贮藏越冬，室温不得低于0℃。栽培土壤以肥沃的沙质壤土为宜，pH值不超过7。

【观赏及园林用途】

唐菖蒲可作为切花，也可种植于花坛或盆栽。又因其对氟化氢非常敏感，还可用作监测污染的指示植物。人们对唐菖蒲的观赏，不仅在于其形其韵，而且更重视其内涵。唐菖蒲色系十分丰富：红色系雍容华贵，粉色系娇娆剔透，白色系娟娟素女，紫色系烂漫妩媚，黄色系高洁优雅，橙色系婉丽姿艳，堇色系质若娟秀，蓝色系端庄明朗，烟色系古香古色，复色系犹如彩蝶翩翩。

【主色调】

红色（花）。

CMYK值：8.99.100.2

大叶黄杨

Hydrangea heteromalla

【科属形态】

黄杨科黄杨属，灌木或小乔木，高0.6~2 m，小枝四棱形，光滑、无毛。叶革质或薄革质，卵形、椭圆状或长圆状披针形至披针形，叶面光亮，仅叶面中脉基部及叶柄被微细毛，其余均无毛。花序腋生，有短柔毛或近无毛；苞片阔卵形，雄花8~10朵，雌花萼片卵状椭圆形。蒴果近球形，斜向挺出。花期3—4月，果期6—7月。

【习 性】

大叶黄杨喜光，稍耐阴，有一定耐寒力，在淮河流域可露地自然越冬，华北地区需保护越冬，在东北和西北的大部分地区均作盆栽。对土壤要求不严，在微酸、微碱土壤中均能生长，在肥沃和排水良好的土壤中生长迅速，分枝也多。

【观赏及园林用途】

大叶黄杨是优良的园林绿化树种，可栽植绿篱及用作背景种植材料，也可单株栽植在花境内，将它们整成低矮的巨大球体，相当美观，更适合用于规则式的对称配植。

【主色调】

绿色。

CMYK值：60.2.100.0

七姊妹

Rosa multiflora Thunb. var. carnea

【科属形态】

蔷薇科蔷薇属，花重瓣，深粉红色，常7～10朵簇生在一起，具芳香。落叶或半常绿灌木，茎直立或攀缘，通常有皮刺。叶互生，奇数羽状复叶，具托叶，小叶有锯齿。花单生或组成伞房花序，生于新梢顶端，花期6—7月。

【习　性】

蔷薇原产中国，具有偃伏和攀缘能力的花木，喜阳光，耐寒、耐旱、耐水湿，适应性强，对土壤要求不严，在黏重土壤上也能生长良好，用播种、扦插、分根繁殖均宜成活。多花蔷薇"七姊妹"适生于长江以北黄河流域，多采用硬枝或嫩枝扦插育苗。

【观赏及园林用途】

"七姊妹"在庭院造景时可布置成花柱、花架、花廊、墙垣等造型，开花时远看锦绣一片，红花遍地，近看花团锦簇，鲜红艳丽，非常美丽。"七姊妹"也是优良的垂直绿化材料，还能植于山坡、堤岸做水土保持用。

【主色调】

粉色（花）。

CMYK值：22.64.15.0

沙棘

Hippophae rhamnoides

【科属形态】

胡颓子科沙棘属，落叶性灌木，高1.5 m，生长在高山沟谷中可达18 m，棘刺较多，粗壮，顶生或侧生；果实圆球形，直径4~6 mm，橙黄色或橘红色；种子小，阔椭圆形至卵形，有时稍扁，黑色或紫黑色，具光泽。花期4—5月，果期9—10月。

【习　性】

沙棘喜光，耐寒，耐酷热，耐风沙及干旱气候，对土壤适应性强。

【观赏及园林用途】

沙棘的苗木较小，对西北地区来讲，能够有效解决地广人少的问题，便于进行大规模种植，快速恢复植被。是防风固沙，保持水土，改良土壤的优良树种。实践证明，沙棘是治理黄河泥沙的有效措施。

【主色调】

黄色（果）。

CMYK值：1.15.99.0

窄叶火棘

Pyracantha fortuneana

【科属形态】

　　蔷薇科火棘属，常绿灌木，高达3 m；侧枝短，先端成刺状，嫩枝外被锈色短柔毛，老枝暗褐色，无毛；芽小，外被短柔毛。叶片倒卵形或倒卵状长圆形，花集成复伞房花序，花瓣白色，近圆形，果实近球形，橘红色或深红色。花期3—5月，果期8—11月。

【习　性】

　　喜强光，耐贫瘠，抗干旱，耐寒；黄河以南露地种植，华北需盆栽，塑料棚或低温温室越冬，温度可低至－16℃。对土壤要求不严，而以排水良好、湿润、疏松的中性或微酸性壤土为好。

【观赏及园林用途】

　　因其适应性强，耐修剪，喜萌发，用作绿篱具有优势，当年栽植的绿篱当年便可见效，火棘也适合栽植于护坡之上等。火棘作为球形布置，可以采取拼栽、截枝、放枝及修剪整形的手法，错落有致地栽植于草坪之上，点缀于庭园深处。火棘球规则式地布置在道路两旁或中间绿化带，还能起到绿化美化和醒目的作用。火棘作为风景林地的配植，可以体现自然野趣。火棘耐修剪，主体枝干自然变化多端，可用作盆景和插花材料。火棘的果枝也是插花材料，特别是在秋冬两季配置菊花、蜡梅等作传统的艺术插花。同时，火棘耐贫瘠、对土壤要求不高、生命力强，是治理山区石漠化的良好植物。

【主色调】

　　绿色。

　　CMYK值：83.14.100.3

苹 果

Hippophae rhamnoides

【科属形态】

蔷薇科苹果属，落叶乔木，高达15 m，树干灰褐色，老皮有不规则的纵裂或片状剥落，小枝幼时密生绒毛，后变光滑，紫褐色。叶序为单叶互生，椭圆形到卵形，先端尖，缘有圆钝锯齿，幼时两面有毛，后表面光滑，暗绿色。花白色带红晕，花梗与花萼均具有灰白色绒毛，萼叶长尖，宿存，雄蕊20，花柱5，果为略扁的球形，两端均凹陷，端部常有棱脊。花期4—6月，果期7—11月。

【习　性】

喜光，喜微酸性到中性土壤。最适于土层深厚、富含有机质、心土通气排水良好的沙质土壤。

【观赏及园林用途】

苹果树姿态均甚优美，各具特色，有较高的观赏价值。配植、孤植、群植均适宜，庭院中颇适用之。

【主色调】

绿色。

CMYK值：78.31.100.18

芍药

Paeonia lactiflora

【科属形态】

芍药科芍药属，多年生草本植物。小叶有椭圆形、狭卵形、被针形等，叶端长而尖，全缘微波，叶缘密生白色骨质细齿，叶面有黄绿色、绿色和深绿色等，叶背多粉绿色，有毛或无毛。花白色，花期5—6月，果期8月。

【习　性】

喜光照，耐旱。芍药植株在一年当中，随着气候节律的变化而产生的阶段性发育变化主要表现为生长期和休眠期的交替变化。其中以休眠期的春化阶段和生长期的光照阶段最为关键。芍药的春化阶段，要求在0℃低温下，经过40天左右才能完成。然后混合芽方可萌动生长。芍药属于长日照植物，花芽要在长日照下发育开花，混合芽萌发后，若光照时间不足，或在短日照条件下通常只长叶不开花或开花异常。

【观赏及园林用途】

芍药可做专类园、切花、花坛用花等。芍药花大色艳，观赏性佳，和牡丹搭配可在视觉效果上延长花期，因此常和牡丹搭配种植。

【主色调】

红色（花）。

CMYK值：14.88.62.2

桂花

Hydrangea heteromalla

【科属形态】

　　木樨科木樨属，常绿乔木或灌木，高3～5 m，最高可达18m；树皮灰褐色。小枝黄褐色，无毛。叶片革质，椭圆形、长椭圆形或椭圆状披针形。花期9—10月上旬，果期翌年3月。

【习　性】

　　桂花适应于亚热带气候地区。性喜温暖，湿润。湿度对桂花生长发育极为重要，要求年平均湿度75%～85%，年降水量1000 mm左右。桂花喜温暖，抗逆性强，既耐高温，也较耐寒。

【观赏及园林用途】

　　桂花终年常绿，枝繁叶茂，秋季开花，芳香四溢，在园林中应用普遍，常做园景树，有孤植、对植，也有成丛成林栽种。在中国古典园林中，桂花常与建筑物，山、石搭配，以丛生灌木型的植株植于亭、台、楼、阁附近。旧式庭园常用对植，古称"双桂当庭"或"双桂留芳"。在住宅四旁或窗前栽植桂花树，能收到"金风送香"的效果。在校园取"蟾宫折桂"之意，也大量种植桂花。桂花对有害气体二氧化硫、氟化氢有一定的抗性，也是工矿区绿化的好花木。

【主色调】

　　绿色。

　　　CMYK值：83.14.95.1

萱草

Hemerocallis fulva

【科属形态】

百合科萱草属，多年生宿根草本。根近肉质，中下部有纺锤状膨大；叶一般较宽；花早晨开，晚上凋谢，无香味，橘红色至橘黄色，内花被裂片下部一般有"∧"形采斑。这些特征可以区别于本国产的其他种类。花果期为5—7月。

【习　性】

性强健，耐寒，华北可露地越冬，适应性强，喜湿润也耐旱，喜阳光又耐半阴。对土壤选择性不强，但以富含腐殖质、排水良好的湿润土壤为宜。适应在海拔300～2500 m生长。

【观赏及园林用途】

花色鲜艳，栽培容易，且春季萌发早，绿叶成丛，极为美观。园林中多丛植或于花境、路旁栽植。萱草类耐半阴，又可做疏林地被植物。

【主色调】

黄色（花）。

CMYK值：0.36.100.0

一串红
Hippophae rhamnoides

【科属形态】

　　唇形科鼠尾草属，亚灌木状草本，高可达90 cm。花萼钟形，红色，花冠红色，花盘等大。花期3—10月。

【习　性】

　　喜阳，也耐半阴，一串红要求疏松、肥沃和排水良好的沙质壤土。而对用甲基溴化物处理土壤和碱性土壤反应非常敏感，适宜于pH5.5～6.0的土壤中生长。耐寒性差，生长适温20～25℃，15℃以下停止生长，10℃以下叶片枯黄脱落。

【观赏及园林用途】

　　一串红常用红花品种，秋高气爽之际，花朵繁密，色彩艳丽。常用作花丛花坛的主体材料。也可植于带状花坛或自然式纯植于林缘。常与浅黄色美人蕉、矮万寿菊，浅蓝或水粉色水牡丹、翠菊、矮藿香蓟等配合布置。一串红矮生品种更宜用于花坛，白花品种除与红花品种配合观赏效果较好外，一般白花、紫花品种的观赏价值不及红花品种。

【主色调】

　　红色（花）。

　　　　CMYK值：0.98.99.0

酢浆草

Oxalis corniculata

【科属形态】

　　酢浆草科酢浆草属，多年生草本植物。高10~35 cm，全株被柔毛。茎匍匐或斜升，多分枝。叶互生，掌状复叶有3小叶，倒心形，小叶无柄。花果期2—9月。

【习　性】

　　喜向阳、温暖、湿润的环境，夏季炎热地区宜遮半阴，抗旱能力较强，不耐寒，华北地区冬季需进温室栽培，长江以南可露地越立。喜阴湿环境，对土壤适应性较强，一般园土均可生长，但以腐殖质丰富的沙质壤土生长旺盛，夏季有短期的休眠。在阳光极其灿烂时开放。

【观赏及园林用途】

　　观花。酢浆草属的大部分植物，花色丰富，形态多样。园林建设中适合成片种植。

【主色调】

　　紫色（花）。

　　CMYK值：9.52.0.0

旱金莲

Hydrangea heteromalla

【科属形态】

旱金莲科旱金莲属，多年生的半蔓生或倾卧植物。株高30～70 cm。基生叶具长柄，叶片五角形，三全裂，二回裂片有少数小裂片和锐齿。花单生或2～3朵成聚伞花序，花瓣5，萼片8～19枚，黄色，椭圆状倒卵形或倒卵形，花瓣与萼片等长，狭条形。花期6—10月，果期7—11月。

【习　性】

性喜温和气候，不耐严寒酷暑。适生温度为18～24℃。能忍受短期0℃。喜温暖湿润，越冬温度10℃以上。夏季高温时不易开花，35℃以上生长受抑制。冬、春、秋需充足光照，夏季盆栽忌烈日暴晒。盆栽需疏松、肥沃、通透性强的培养土，喜湿润，怕渍涝。

【观赏及园林用途】

旱金莲叶肥花美，叶形如碗莲，呈圆盾形互生，具长柄。花朵形态奇特，腋生呈喇叭状，茎蔓柔软，娉婷多姿，叶、花都具有极高的观赏价值。可用于盆栽装饰阳台、窗台或置于室内书桌、几架上观赏，也宜于做切花。

【主色调】

橘红色（花）。

CMYK值：0.97.100.0

红叶李

Prunus Cerasifera atropurpurea

【科属形态】

蔷薇科李属，落叶小乔木，高可达8 m，多分枝，枝条细长，开展，暗灰色，有时有棘刺；小枝暗红色，花1朵，稀2朵。花期4月，果期8月。

【习　性】

红叶李喜阳光、温暖湿润气候，有一定的抗旱能力。对土壤适应性强，不耐干旱，较耐水湿，但在肥沃、深厚、排水良好的黏质中性、酸性土壤中生长良好，不耐碱。以沙砾土为好，黏质土亦能生长，根系较浅，萌生力较强。

【观赏及园林用途】

观叶。红叶李整个生长季节都为紫红色，宜于建筑物前及园林路旁或草坪角隅处栽植。

【主色调】

紫红色。

CMYK值：27.99.76.23

白车轴草

Trifolium repens

【科属形态】

蝶形花科车轴草属，多年生草本植物，高为10~60 cm；茎匍匐蔓生，上部稍上升，节上生根，全株无毛。羽状三出复叶，托叶卵状披针形。花序球形，顶生。花果期5—10月。

【习　性】

我国常见于种植，并在湿润草地、河岸、路边呈半自生状态。

【观赏及园林用途】

为水土保持的良好植物，又为优良牧草，也可用作绿肥；花、叶均有观赏价值，绿色期长，花期长，耐践踏，可用作路径沟边、堤岸护坡保土草坪和厂矿、机关、学校等绿地封闭式草坪。

【主色调】

绿色（叶）、白色（花）。

CMYK值：56.6.88.0

CMYK值：5.2.14.0

月见草

Oenothera biennis

【科属形态】

柳叶菜科月见草属，直立两年生粗壮草本。基生莲座叶丛紧贴地面，基生叶倒披针形；花序穗状，不分枝，或在主序下面具次级侧生花序；花期5—7月。

【习　性】

常生长于开旷的荒坡路旁。耐旱，耐贫瘠，黑土、沙土、黄土、幼林地、轻盐碱地、荒地、河滩地、山坡地均适合种植。

【观赏及园林用途】

观花。花形美丽，气味芳香，常栽培用于观赏。

【主色调】

黄色（花）。

CMYK值：10.0.99.0

三色堇

Viola tricolor

【科属形态】

　　堇菜科堇菜属，两年或多年生草本植物。基生叶叶片长卵形或披针形，具长柄；茎生叶叶片卵形、长圆形或长圆披针形，先端圆或钝，边缘具稀疏的圆齿或钝锯齿。花大，通常每花有紫、白、黄三色。花期4—8月。

【习　性】

　　较耐寒，喜凉爽，喜阳光，在昼温15～25℃、夜温3～5℃的条件下发育良好。忌高温和积水，耐寒抗霜，昼温若连续在30℃以上，则花芽消失，或不形成花瓣；昼温持续25℃时，只开花不结实，即使结实，种子也发育不良。根系可耐－15℃低温，但低于－5℃叶片受冻边缘变黄。日照长短比光照强度对开花的影响大，日照不良，开花不佳。喜肥沃、排水良好、富含有机质的中性壤土或黏壤土，pH为5.4～7.4。为多年生花卉，常作两年生栽培。

【观赏及园林用途】

　　三色堇在庭院布置上常地栽于花坛上，可做毛毡花坛、花丛花坛，成片、成线、成圆镶边栽植都很相宜。还适宜布置花境、草坪边缘；不同的品种与其他花卉配合栽种能形成独特的早春景观；另外也可盆栽或布置阳台、窗台、台阶或点缀居室、书房、客堂，颇具新意，饶有雅趣。

【主色调】

　　紫色、白色、黄色（花）。

　　■　CMYK值：76.100.26.15

　　□　CMYK值：19.15.15.0

　　□　CMYK值：2.5.99.0

高丛珍珠梅

Sorbaria arborea Schneid.

【科属形态】

蔷薇科珍珠梅属，落叶灌木，高达6 m。枝条开展；小枝圆柱形，稍有棱角，幼时黄绿色，微被星状毛或柔毛，老时暗红褐色，无毛。羽状复叶，顶生大型圆锥花序，分枝开展，萼筒浅钟状，内外两面无毛，萼片长圆形至卵形，先端钝，稍短于萼筒。花期6—7月，果期9—10月。

【习 性】

喜光，耐阴，喜湿润肥沃土壤，生于海拔2500～3500 m的山坡林边、山溪沟边。

【观赏及园林用途】

观叶、观花。花繁色白，叶片青翠，宜孤植或丛植庭前、屋后、林缘、坡地等处。

【主色调】

白色（花）。

CMYK值：4.3.9.0

银白杨

Populus alba

【科属形态】

杨柳科杨属，乔木，高15～30 m。树干不直，雌株更歪斜；树冠宽阔。树皮白色至灰白色，平滑，下部常粗糙。花期4—5月，果期5月。

【习　性】

银白杨喜大陆性气候，喜光，耐寒，－40℃条件下无冻害。不耐阴，深根性。抗风力强，耐干旱气候，但不耐湿热，北京以南地区栽培的多受病虫害。

【观赏及园林用途】

树形高耸，枝叶美观，幼叶红艳，可做绿化树种。也为西北地区平原沙荒造林树种。

【主色调】

银白色。

CMYK值：20.3.12.0

大花黄牡丹

Paeonia ludlowii

【科属形态】

毛茛科芍药属，落叶灌木。高1～2.5 m，最高可达3.5 m。叶为2回3出复叶，带有美丽的青铜色。花（2）3～4朵生枝顶或叶腋，直径8～12 cm；花瓣、花丝与花药均为黄色；心皮1，少数2。花期5月，果期8—9月。它以植株高大、花朵硕大著称，心皮数较少，区别于滇牡丹（*P. delavayi*），是极珍贵的牡丹观赏、育种材料。

【习　　性】

西藏特有植物。仅产于米林、巴宜区。喜光，喜温暖，不耐瘠薄，畏炎热，生于海拔2900～3200 m的雅鲁藏布江河谷及山坡林缘。大花黄牡丹通过长期的进化，对高海拔、半干旱半湿润生境有了很强的适应能力。它是一种抗旱能力较弱的植物，对环境中的水分依赖性较大；在原生境下大花黄牡丹的天然更新能力强，但在人为破坏的生境中，天然更新明显受到抑制；人为砍伐不会导致大花黄牡丹致濒，相反，砍伐可以促进新芽萌发生长。大花黄牡丹为喜光植物，种子在半湿润半遮阴的条件下萌发生长良好；大花黄牡丹盛花期有侧方遮阴时开花效果更好。

【观赏及园林用途】

观花、观叶。适合孤植、成片种植。

【主色调】

黄色（花）。

CMYK值：13.13.100.0

百合

Lilium brownii var. viridulum

【科属形态】

百合科百合属，多年生草本，株高70~150 cm。鳞茎球形，淡白色，先端常开放如莲座状，由多数肉质肥厚、卵匙形的鳞片聚合而成。花大、多白色、漏斗形，单生于茎顶。6月上旬现蕾，7月上旬始花，7月中旬盛花，7月下旬终花，果期7—10月。

【习　性】

喜凉爽，较耐寒。高温地区生长不良。喜干燥，怕水涝。土壤湿度过高则引起鳞茎腐烂死亡。对土壤要求不严，但在土层深厚、肥沃疏松的沙质壤土中，鳞茎色泽洁白、肉质较厚。黏重的土壤不宜栽培。根系粗壮发达，耐肥。

【观赏及园林用途】

观花。百合花姿雅致，叶片青翠娟秀，茎干亭亭玉立，是名贵的切花新秀。

【主色调】

白色（暖色）。

CMYK值：11.21.5.0

中华金叶榆

Ulmus pumila 'Zhong hua jinye'

【科属形态】

榆科榆属，榆树的栽培品种。落叶乔木，高可达20 m以上，树冠卵圆形或圆球形。树皮暗灰色，纵裂，粗糙。幼枝金黄色，细长，排成二列状。叶互生，卵状长椭圆形，金黄色，色泽艳丽，有自然光泽，长2~6 cm，宽2~3 cm，比普通白榆叶片稍短，先端尖，基部稍斜，边缘具锯齿，叶脉清晰，质感好。花簇生于去年生枝上，先叶或花叶同放。翅果近圆形，种子位于翅果中部。花期3—4月，果期4—5月。

【习　性】

中华金叶榆是阳性树种，喜光，稍耐阴，在光照不足时叶色会转绿。对气候适应性强，在中国北部地区均能生长。对土壤要求不严，但以深厚肥沃、湿润、排水良好的沙壤土、轻壤土生长最好。耐旱、不耐水湿。深根性。有很强的抗盐碱性，在沿海地区可以生长。

【观赏及园林用途】

中华金叶榆叶色金黄鲜亮，在万绿丛中十分引人注目，造景效果极好，适合在城市园林绿地、公园、道路两侧、庭院、风景区点缀风景。采用孤植、对植、列植效果均好，散植于绿地中或栽植成树阵均有良好效果。

【主色调】

金黄色（花）。

CMYK值：16.5.100.0

小蜡

Ligustrum sinense lour

【科属形态】

木犀科女贞属，落叶灌木或小乔木，高2~4（7）m。小枝圆柱形，幼时被淡黄色短柔毛或柔毛，老时近无毛。叶片纸质或薄革质，卵形、椭圆状卵形、长圆形、长圆状椭圆形至披针形。圆锥花序顶生或腋生，塔形，长4~11 cm，宽3~8 cm。果近球形，径5~8 mm。花期3—6月，果期9—12月。

【习　　性】

生长于海拔200~2600 m的山坡、山谷、溪边、河旁、路边的密林、疏林或混交林中。喜光，喜温暖或高温湿润气候，生命力强，生长地全日照或半日照均能正常生长，耐寒，较耐瘠薄，耐修剪，不耐水湿，土质以肥沃的沙质壤土为佳。

【观赏及园林用途】

该树树冠分枝茂密，盛花期，花开满树，如皑皑白雪，是优美的木本花卉和园林风景树。枝叶稠密，耐修剪整形，最适宜用作绿篱、绿墙和隐蔽遮挡用绿屏。在规则式布局的庭园中，可整形成长、方、圆各种几何图形，做模纹花坛材料；也可数株一丛，修成圆球或其他形状。对植于庭门、入口及路边，亦甚协调美观。小蜡树姿袅娜，配植在树丛、林缘、溪边、池畔无不相宜。在山石小品中做衬托树种，亦甚得体。该树老干古根，虬曲多姿，常为树桩景制作者喜爱。

【主色调】

白色（花）。

CMYK值：14.9.18.0

西藏箭竹

Fargesia macclureana

【科属形态】

禾本科箭竹属，竿柄长3～5 cm，粗4～20 mm。竿高1～7 m，粗5～35 mm；节间一般长18～28 cm，最长可达53 cm，竿基部数节间长8～18 cm，圆筒形，微被白粉，叶片披针形，长4～17 cm，宽4～18 mm，基部阔楔形，上表面无毛或基部多少有毛，下表面疏生灰色短柔毛（尤以基部为密），次脉3或4对，小横脉稍明显，叶缘具小锯齿。笋期7月。

【习　性】

海拔2100～3800 m，在高山松或油麦吊杉林下生长普遍。

【观赏及园林用途】

观叶、观姿。园林应用中常丛植。

【主色调】

绿色。

CMYK值：40.7.100.0

Morus alba

桑

【科属形态】

桑科桑属，落叶乔木或灌木，高可达15 m。树体富含乳浆，树皮黄褐色。叶卵形至广卵形，叶端尖，叶基圆形或浅心脏形，边缘有粗锯齿，有时有不规则的分裂；叶面无毛，有光泽，叶背脉上有疏毛。雌雄异株，5月开花，葇荑花序。果熟期6—7月，聚花果卵圆形或圆柱形，黑紫色或白色。

【习　性】

喜温暖湿润气候，稍耐阴。气温12℃以上开始萌芽，生长适宜温度25～30℃，超过40℃受到抑制，降到12℃以下停止生长。耐旱，不耐涝，耐瘠薄。对土壤的适应性强。

【观赏及园林用途】

桑树树冠宽阔，树叶茂密，秋季叶色变黄，颇为美观，且能抗烟尘及有毒气体，适于城市、工矿区及农村四旁绿化。适应性强，为良好的绿化及经济树种。

【主色调】

绿色。

CMYK值：34.6.80.0

腺果大叶蔷薇

Rosa macrophylla glandulifera

【科属形态】

蔷薇科蔷薇属，有刺灌木，高1.5~3 m，叶互生，小叶片长圆形或椭圆状卵形，奇数羽状复叶；叶片下面有腺，通常为重锯齿；花单生或2~3朵簇生，苞片1~2片，长卵形，花呈伞房状，或少花稀单花，与数轮雄蕊同着生于萼管边缘的花盘上，花瓣深红色，卵形；心皮多数，生于壶状的萼管里面，成熟时变为被毛的瘦果包藏于此管内，像种子一样。果大，长卵球形或长倒卵形，红色，有光泽，萼片直立宿存。花期6—7月，果期7—8月。

【习　性】

生于山坡向阳处，灌丛中或林缘路旁，海拔2400~3400 m。

【观赏及园林用途】

观叶。园林应用中常丛植。

【主色调】

红色（花）。

CMYK值：7.38.0.0

川西樱桃

Cerasus trichostoma

【科属形态】

蔷薇科樱属，落叶乔木，高（1.5）2～10 m。叶边重锯齿大多由2～3齿组成。果梗顶端较粗，果实较大，果实表面有显著突出的棱纹，果实大而肉汁丰富。花期5—6月，果期7—10月。

【习　性】

生于山坡、沟谷林中或草坡，海拔1000～4000 m。

【观赏及园林用途】

观花。园林应用中多孤植或做行道树。

【主色调】

红色（果）。

CMYK值：11.100.100.0

垂丝海棠

Malus halliana

【科属形态】

　　蔷薇科苹果属，落叶小乔木，高达5 m，树冠开展；叶片卵形或椭圆形至长椭卵形，伞房花序，具花4～6朵，花梗细弱下垂，有稀疏柔毛，紫色；萼筒外面无毛；萼片三角卵形，花瓣倒卵形，基部有短爪，粉红色，常在5数以上；果实梨形或倒卵形，略带紫色，成熟很迟，萼片脱落。花期3—4月，果期9—10月。

【习　性】

　　垂丝海棠性喜阳光，不耐阴，也不甚耐寒，喜温暖湿润环境，适生于阳光充足、背风之处。对土壤要求不严，微酸或微碱性土壤均可成长，但以土层深厚、疏松、肥沃、排水良好略黏质的土壤生长更好。

【观赏及园林用途】

　　海棠种类繁多，树形多样，叶茂花繁，丰盈娇艳，可地栽装点园林。可在门庭两侧对植，或在亭台周围、丛林边缘、水滨布置；若在观花树丛中做主体树种，其下配植春花灌木，其后以常绿树为背景，则尤绰约多姿，显得漂亮。若在草坪边缘、水边湖畔成片群植，或在公园游步道旁两侧列植或丛植，亦具特色。

【主色调】

　　粉紫色（花）。

　　　　CMYK值：40.81.0.0

紫叶小檗

Berberis thunbergii var. atropurpurea

【科属形态】

小檗科小檗属，落叶灌木，枝丛生，幼枝紫红色或暗红色，老枝灰棕色或紫褐色。叶小全缘，菱形或倒卵，紫红到鲜红，叶背色稍淡。4月开花，花黄色。果实椭圆形，果熟后艳红美丽。

【习　性】

紫叶小檗喜凉爽湿润环境，适应性强，耐寒也耐旱，不耐水涝，喜阳也能耐阴，萌蘖性强，耐修剪，对各种土壤都能适应，在肥沃、深厚、排水良好的土壤中生长更佳。

【观赏及园林用途】

紫叶小檗是园林绿化中色块组合的重要色叶灌木，适宜坡地成片种植，常与常绿树种如金叶女贞、大叶黄杨组成色块、色带及模纹花坛，用来布置花坛、花境。紫叶小檗可植于路旁或点缀于草坪之中。亦可盆栽观赏或剪取果枝瓶插供室内装饰用。

【主色调】

红色（叶）。

CMYK值：23.100.92.18

金盏菊

Calendula officinalis

【科属形态】

菊科金盏花属，两年生草本，全株被毛。叶互生，长圆形。头状花序单生茎枝端，花黄色或橙黄色，花期4—9月，果期6—10月。

【习　性】

金盏菊原产欧洲南部及地中海沿岸，喜生长于温和、凉爽的气候，怕热、耐寒。要求光照充足或轻微的荫蔽，疏松、排水良好、肥沃适度的土壤，有一定的耐旱力。土壤pH宜保持6～7，这样植株分枝多，开花大而密。

【观赏及园林用途】

观花。金盏花是早春园林和城市中最常见的草本花卉之一。

【主色调】

黄色（花）。

CMYK值：0.49.97.0

龙爪槐

Styphnolobium japonnicum

【科属形态】

豆科槐属，落叶乔木，高达25 m。树皮灰褐色，具纵裂纹。当年生枝绿色，无毛。圆锥花序顶生，常呈金字塔形，花萼浅钟状，花冠白色或淡黄色，旗瓣近圆形。花期7—8月，果期8—10月。

【习　性】

喜光，稍耐阴。能适应干冷气候。喜生于土层深厚、湿润肥沃、排水良好的沙质壤土。深根性，根系发达，抗风力强，萌芽力亦强，寿命长。对二氧化硫、氟化氢、氯气等有毒气体及烟尘有一定抗性。

【观赏及园林用途】

龙爪槐姿态优美，是优良的园林树种。宜孤植、对植、列植。龙爪槐寿命长，适应性强，对土壤要求不严，较耐瘠薄，观赏价值高，故园林绿化中应用较多，常作为门庭及道旁树，或庭荫树，或置于草坪中作为观赏树。

【主色调】

绿色。

CMYK值：82.26.100.13

荷花玉兰

Magnolia grandiflora

【科属形态】

木兰科木兰属，常绿乔木，在原产地高达30 m。树皮淡褐色或灰色，薄鳞片状开裂；小枝粗壮。叶厚革质，椭圆形、长圆状椭圆形或倒卵状椭圆形，叶面深绿色，有光泽。花白色，有芳香；花被片9～12，厚肉质，倒卵形。聚合果圆柱状长圆形或卵圆形，蓇葖背裂，背面圆，顶端外侧具长喙；种子近卵圆形或卵形，外种皮红色，除去外种皮的种子，顶端延长成短颈。花期5—6月，果期9—10月。

【习　性】

弱阳性，喜温暖湿润气候，抗污染，不耐碱土。幼苗期很耐阴。较耐寒，能经受短期的－19℃低温。在肥沃、深厚、湿润而排水良好的酸性或中性土壤中生长良好。根系深广，很能抗风。病虫害少。生长速度中等，实生苗生长缓慢，10年后生长逐渐加快。

【观赏及园林用途】

荷花玉兰树姿雄伟壮丽，叶大荫浓，花似荷花，芳香馥郁。为美丽的园林绿化观赏树种。宜孤植、丛植或成排种植，可做园景、行道树、庭荫树。荷花玉兰还能耐烟、抗风，对二氧化硫等有毒气体有较强的抗性，故又是净化空气、保护环境的好树种。

【主色调】

绿色。

CMYK值：72.24.100.8

锦带花
Weigela florida

【科属形态】

忍冬科锦带花属，灌木，高3 m，宽3 m。枝条开展，树型较圆筒状，有些树枝会弯曲到地面，小枝细弱；叶椭圆形或卵状椭圆形，端锐尖，基部圆形至楔形，缘有锯齿，表面脉上有毛，背面尤密；花冠漏斗状钟形，玫瑰红色，裂片5；蒴果柱形，种子无翅。花期4—6月。

【习　性】

生于海拔800~1200 m的湿润沟谷、阴或半阴处，喜光，耐阴，耐寒；对土壤要求不严，适应性强，能耐瘠薄土壤，但以深厚、湿润而腐殖质丰富的土壤生长最好，怕水涝。萌芽力强，生长迅速。

【观赏及园林用途】

锦带花枝叶茂密，花色艳丽而繁多，花期正值春花凋零、夏花不多之际，花期可长达2个多月，在园林应用上是东北、华北地区重要的早春观花灌木之一，适宜庭院墙隅、湖畔群植；也可在树丛林缘做篱笆、丛植配植；或点缀于假山、坡地。

【主色调】

绿色。

CMYK值：60.23.100.5

小果紫薇

Lagerstroemia subcostata

【科属形态】

千屈菜科紫薇属，落叶乔木或灌木，高可达14 m。树皮薄，灰白色或茶褐色，无毛或稍被短硬毛。叶膜质，矩圆形、矩圆状披针形、稀卵形，顶端渐尖，基部阔楔形，上面通常无毛或有时散生小柔毛，下面无毛或微被柔毛或沿中脉被短柔毛，有时脉腋间有丛毛；蒴果椭圆形，种子有翅。花期6—8月，果期7—10月。

【习　性】

喜暖湿气候，喜光，略耐阴。喜肥，尤喜深厚肥沃的沙质壤土，好生于略有湿气之地。亦耐干旱，忌涝，忌种在地下水位高的低湿地方。性喜温暖，也能抗寒，萌蘖性强。紫薇还具有较强的抗污染能力，对二氧化硫、氟化氢及氯气的抗性较强。

【观赏及园林用途】

适宜配植于庭院、门旁、窗边，也适于街坊种植。

【主色调】

绿色。

CMYK值：90.36.100.33

北非雪松

Cedrus atlantica

【科属形态】

松科雪松属，乔木，在原产地高达30 m。枝平展或斜展，具多数分枝，树冠幼时尖塔形；小枝不等长，排成2列，互生或对生，常不下垂。球果次年成熟，淡褐色，卵状圆柱形或近圆柱形。

【习　性】

原产于非洲西北部（阿尔及利亚、摩洛哥）的阿特拉斯山海拔1300~2300 m的林中，年降雨量范围为500~2000 mm，最冷月的最低温度范围为−1~−8℃。中国江苏（南京）、河南等地引种栽培。

【观赏及园林用途】

北非雪松材质优良，可做园林树、行道树。

【主色调】

绿色。

CMYK值：77.51.74.55

高山松

Pinus densata

【科属形态】

松科松属，乔木，高达30 m。针叶2针一束，稀3针一束或2针、3针并存。球果卵圆形，花期5月，球果第二年10月成熟。

【习　性】

高山松为喜光、深根性树种，生长于高山针叶林带下半段，为高山地区的阳性树种，能生于干旱瘠薄的土壤。

【观赏及园林用途】

可用作中国四川西部、西藏东部高山地区的造林树种。

【主色调】

绿色。

CMYK值：77.56.79.54

华山松

Pinus armandii

【科属形态】

松科松属，乔木，高达35 m。枝条平展，形成圆锥形或柱状塔形树冠；针叶5针一束，稀6～7针一束，球果圆锥状长卵圆形，花期4—5月，球果第二年9—10月成熟。

【习　性】

在气候温凉而湿润，酸性黄壤、黄褐壤土或钙质土上，组成单纯林或与针叶树、阔叶树种混生。稍耐干旱瘠薄的土地，能生于石灰岩缝间。

【观赏及园林用途】

华山松不仅是风景名树及薪炭林，还能涵养水源，保持水土，防止风沙。华山松高大挺拔，树皮灰绿色，针叶苍翠，冠形优美，姿态奇特，是优良的绿化风景树。为点缀庭院、公园、校园的珍品。植于假山旁、流水边更富有诗情画意。华山松在园林中可用作园景树、庭荫树、行道树及林带树，亦可用于丛植、群植。

【主色调】

墨绿色。

CMYK值：76.54.69.52

北美短叶松

Pinus banksiana

【科属形态】

松科松属，乔木，在原产地高达25 m，有时成灌木状；枝近平展，树冠塔形，针叶2针一束，球果直立或向下弯垂，花期5—6月。

【习　性】

北美短叶松是温带树种，抗寒、抗旱能力很强，耐−56℃极端低温。适生区年均温度−5～4℃，年降水量300～1400 mm。适应多种土壤，沙地、丘陵和石质山地均可生长，pH4.5～8，耐干旱瘠薄，不耐通透性差的土壤，在深厚疏松、肥沃、微酸性土地生长最好。

【观赏及园林用途】

北美短叶松是寒冷地区的速生用材和防护兼用树种。北美短叶松枝叶繁茂，树型优美，是城镇绿化美化的优良树种。

【主色调】

绿色。

CMYK值：59.46.94.35

油松

Pinus tabuliformis

【科属形态】

松科松属，针叶常绿乔木，高达30 m。大枝平展或斜向上，老树平顶；球果卵形或卵圆形，花期5月，球果第二年10月上中旬成熟。

【习　性】

为阳性树种，深根性，喜光、抗瘠薄、抗风，在土层深厚、排水良好的酸性、中性或钙质黄土上生长良好，－25℃的气温下也能生长。

【观赏及园林用途】

松树树干挺拔苍劲，四季常绿，不畏风雪严寒。可做行道树，与快长树成行混交植于路边，在古典园林中作为主要景物，以一株即成一景者极多，至于三五株组成美丽景物者更多。其他作为配景、背景、框景等屡见不鲜。在园林配植中，除了适于独植、丛植、纯林群植外，也宜混交种植。适于用作油松伴生树种的有元宝枫、栎类、桦木、侧柏等。

【主色调】

绿色。

CMYK值：85.34.100.28

急尖长苞冷杉

Abies georgei smithii

【科属形态】

松科冷杉属，乔木，一至三年生。枝密被褐色或锈褐色毛；叶条形，先端凹缺，下面有2条白色气孔带，边缘微向下反曲，横切面有两个边生树脂道。球果卵状圆柱形。

【习　性】

急尖长苞冷杉属于耐阴性植物，在其生长过程中不需要较强的光照，特别是幼苗期，温凉和寒冷的气候区域比较适宜其生长。常在高海拔地区至低海拔的亚高山与高山地带的谷地、阴坡及半阴坡处形成纯林，也经常与喜冷湿的云杉、落叶松、铁杉、松树及阔叶树形成针叶林或针阔混交林。

【观赏及园林用途】

可用作分布区内的森林更新树种。

【主色调】

绿色。

CMYK值：53.25.97.5

大果圆柏

Sabina tibetica

【科属形态】

柏科圆柏属植物，乔木，高达30 m，稀呈灌木状。枝条较密或较疏，树冠绿色、淡黄绿色或灰绿色。鳞叶绿色或黄绿色，稀微被蜡粉，交叉对生，稀三叶交叉轮生，排列较疏或紧密。雌雄异株或同株，雄球花近球形，球果卵圆形或近圆球形，内有1粒种子。种子卵圆形、稀倒卵圆形或近圆形，微扁。花期3—4月，果期7—8月。

【习　性】

大果圆柏在迎风地生长不良，在海拔3200～4200 m向阳、干燥、瘠薄的山坡和石缝中都能生长；耐涝能力较弱，能适应干冷和暖湿的气候。对土壤要求不高，在山地褐土、山地棕壤、山地暗棕壤及亚高山灌丛草甸土上都能生长，对基岩和成土母岩的适应性强；对土壤酸碱度的适应范围广。

【观赏及园林用途】

大果圆柏在寒冷干燥的环境能形成森林，为产区的主要森林树种，也是主要的森林更新及造林树种。

【主色调】

绿色。

CMYK值：84.44.100.50

巨柏

Cupressus gigantea

【科属形态】

　　柏科柏木属，乔木，高可达45 m。树皮纵裂成条状；生鳞叶的枝排列紧密，粗壮，四棱形，常被蜡粉，末端的鳞叶不下垂；鳞叶斜方形，交叉对生；球果矩圆状球形，五角形或六角形，能育种鳞具多数种子；种子两侧具窄翅。果期8月。

【习　性】

　　分布于中国西藏雅鲁藏布江流域的郎县、米林及林芝等地，甲格以西分布较多。土壤为中性偏碱的沙质土。适于干旱多风的高原河谷环境。常在海拔3000～3400 m的沿江地段的河漫滩及干旱的阴坡组成稀疏的纯林。

【观赏及园林用途】

　　材质优良，能长成胸径达6 m的大树，可用作雅鲁藏布江下游的造林树种。

【主色调】

　　绿色。

　　　　CMYK值：63.13.100.1

西藏柏木

Cupressus torulosa

【科属形态】

柏科柏木属，乔木，高约20 m。生鳞叶的枝不排成平面，圆柱形，末端的鳞叶枝细长，鳞叶排列紧密，近斜方形，先端通常微钝，背部平，中部有短腺槽。球果生于长约4 mm的短枝顶端，熟后深灰褐色，顶部五角形，中央具短尖头或近平，能育种鳞有多数种子；种子两侧具窄翅。

【习　性】

适宜温凉湿润气候，抗寒、耐旱能力较强，可耐－15℃和60℃的极端温度。喜钙树种，要求中性至微碱性土壤，也能适宜缓坡地带的微酸性土壤。在深厚肥沃的石灰岩地区和棕色土上生长良好。

【观赏及园林用途】

树形美观，可用于庭园绿化和四旁种植。

【主色调】

绿色。

CMYK值：85.34.90.20

绿干柏

Cupressus arizonica Greene

【科属形态】

柏科柏木属，乔木，在原产地高达25 m。树皮红褐色，纵裂成长条剥落；枝条颇粗壮，向上斜展；生鳞叶的小枝方形或近方形，鳞叶斜方状卵形，蓝绿色，微被白粉，先端锐尖，背面具棱脊，中部具明显的圆形腺体。球果圆球形或矩圆球形，暗紫褐色；顶部五角形，中央具显著的锐尖头；种子倒卵圆形，暗灰褐色，稍扁，具不明显的棱角，上部微有窄翅。果期8—9月。

【习　性】

原产于美洲。我国南京及庐山等地引种栽培，生长良好。

【观赏及园林用途】

可用作行道树或孤植成景。

【主色调】

绿色。

CMYK值：66.13.90.2

侧柏

Platycladus orientalis

【科属形态】

柏科侧柏属，常绿乔木。高达20余米，树冠广卵形，小枝扁平，排列成一个平面。叶小，鳞片状，紧贴小枝上，呈交叉对生排列，叶背中部具腺槽。雄球花黄色，由交互对生的小孢子叶组成，球果当年成熟，种鳞木质化，开裂，种子不具翅或有棱脊。果期6—8月。

【习　性】

喜光，幼时稍耐阴，适应性强，对土壤要求不严，在酸性、中性、石灰性和轻盐碱土壤中均可生长。耐干旱瘠薄，萌芽能力强，耐寒力中等，耐强太阳光照射，耐高温。浅根性，抗风能力较弱。

【观赏及园林用途】

可种植于行道、亭园、大门两侧、绿地周围、路边花坛及墙垣内外，均极美观。小苗可做绿篱，隔离带围墙点缀。在城市绿化中是常用的植物，侧柏对污浊空气具有很强的耐力，在市区街心、路旁种植，生长良好，不碍视线，吸附尘埃，净化空气。丛植于窗下、门旁，极具点缀效果。

【主色调】

绿色。

CMYK值：60.10.95.1

洒金千头柏

Cupressus gigantea

【科属形态】

柏科侧柏属，丛生灌木，高1.5 m左右，无明显主干（同千头柏），矮生密丛，圆形至卵圆，叶淡黄绿色，顶端尤其色浅，入冬略转褐绿。花期3—4月。

【习　性】

不耐高温，基本同侧柏一致，抗寒能力略弱。

【观赏及园林用途】

本属仅一种，为中国特有。杭州等地有栽培。广泛用于园林造景。

【主色调】

绿色。

CMYK值：35.0.100.0

银杏

Cupressus torulosa

【科属形态】

银杏科银杏属，乔木，高达40 m。幼树树皮浅纵裂，大树皮呈灰褐色，深纵裂，粗糙；幼年及壮年树冠圆锥形，老则广卵形。叶扇形，有长柄，淡绿色，无毛，有多数叉状并列细脉。种子具长梗，下垂，常为椭圆形、长倒卵形、卵圆形或近圆球形。果期9月。

【习　性】

银杏生长于海拔500～1000 m、酸性黄壤、排水良好地带的天然林中，常与柳杉、榧树、蓝果树等针阔叶树种混生，生长旺盛。银杏为喜光树种，深根性，对气候、土壤的适应性较宽，能在高温多雨及雨量稀少、冬季寒冷的地区生长，但生长缓慢或不良；不耐盐碱土及过湿的土壤。

【观赏及园林用途】

银杏树形优美，春夏季叶色嫩绿，秋季变成黄色，颇为美观，可用作庭园树及行道树。

【主色调】

绿色。

CMYK值：68.20.95.3

龙爪柳

Salix matsudana f. tortuosa

【科属形态】

杨柳科柳属，乔木，高达18 m。大枝斜上，树冠广圆形；树皮暗灰黑色，有裂沟；枝卷曲。芽微有短柔毛。叶披针形，花序与叶同时开放，花期4月，果期4—5月。

【习　性】

喜光，较耐寒、耐干旱。喜欢湿润、通风良好的沙壤土，也较耐盐碱，在轻度盐碱地上仍可正常生长。萌芽力强，根系较发达，深根性，具有内生菌根。对环境和病虫害适应性较强。

【观赏及园林用途】

龙爪柳树形美观，枝条柔软嫩绿，树冠发达，适合庭院、路旁、河岸、池畔、草坪等地绿化栽植，为北方平原地区常见的园林绿化树种。

【主色调】

绿色。

CMYK值：66.20.98.0

绦柳

Salix matsudana f. pendula

【科属形态】

杨柳科柳属，落叶大乔木，柳枝细长，柔软下垂。高可达20～30 m，树皮组织厚，纵裂，老龄树干中心多朽腐而中空。枝条细长而低垂，褐绿色，无毛；冬芽线形，密着于枝条。叶互生，线状披针形，花开于叶后，果实为蒴果。花期3—4月，果期4—6月。

【习　性】

喜光，耐寒性强，耐水湿又耐干旱。对土壤要求不严，干瘠沙地、低湿沙滩和弱盐碱地上均能生长。

【观赏及园林用途】

东北、华北、西北、上海等地，多栽培为绿化树种。对空气污染、二氧化硫及尘埃的抵抗力强。适合于都市庭园中生长，尤其是水池或溪流边。

【主色调】

绿色。

CMYK值：90.37.94.34

法 桐

Platanus orientalis Linn.

【科属形态】

　　悬铃木科悬铃木属，落叶大乔木，高达30 m，树皮薄片状脱落；嫩枝被黄褐色绒毛，老枝秃净，干后红褐色，有细小皮孔。叶大，轮廓阔卵形，基部浅三角状心形，或近于平截。花期4月，果期8月。

【习　性】

　　喜光，喜湿润温暖气候，较耐寒。对土壤要求不严，但适生于微酸性或中性、排水良好的土壤，微碱性土壤虽能生长，但易发生黄化。根系分布较浅，台风时易受害而倒斜。抗空气污染能力较强，对二氧化硫、氯气等有毒气体有较强的抗性。叶片具吸收有毒气体和滞积灰尘的作用。

【观赏及园林用途】

　　树干高大，树形雄伟端庄，叶大荫浓，干皮光滑，生长迅速适应性强，易成活，耐修剪，抗烟尘，是世界著名的优良庭荫树和行道树，也为速生材用树种。广泛应用于城市绿化，在园林中孤植于草坪或旷地，列植于甬道两旁，尤为雄伟壮观。作为街坊、厂矿绿化树颇为合适。

【主色调】

　　绿色。

　　　　CMYK值：49.5.100.0

山杨

Populus davidiana Dode

【科属形态】

杨柳科杨属，落叶乔木，高可达25 m。树皮光滑，灰绿色或灰白色，老树基部黑色粗糙；树冠圆形。叶子接近圆形，具有波浪状钝齿；早春先叶开花，雌雄异株，柔荑花序下垂，红色花药，苞片深裂，裂缘有毛；蒴果两裂。花期3—4月，果期4—5月。

【习　性】

山杨多生长于山坡、山脊和沟谷地带，常形成小面积纯林或与其他树种形成混交林。为强阳性树种，耐寒冷、耐干旱瘠薄土壤，对土壤要求在微酸性至中性土壤皆可生长，适于山腹以下排水良好的肥沃土壤。天然更新能力强，在东北及华北常于老林破坏后，与桦木类混生或成纯林，形成天然次生林。

【观赏及园林用途】

山杨适应性强，成林快，是恢复西北森林植被的好树种。

【主色调】

绿色。

CMYK值：66.18.96.2

乌柳

Salix cheilophila

【科属形态】

杨柳科柳属，灌木或小乔木，高可达5.4 m。枝灰黑色或黑红色。芽具长柔毛。叶片线形或线状倒披针形，先端渐尖或具短硬尖，基部渐尖，稀钝，上面绿色疏被柔毛，下面灰白色，中脉显著突起，边缘外卷，上部具腺锯齿，下部全缘；叶柄具柔毛。花序与叶同时开放，近无梗，密花；4—5月开花，5月结果。

【习　性】

分布于河北、山西、陕西、宁夏、甘肃、青海、河南、四川、云南、西藏东部。生长在海拔750～3000 m的山河沟边。

【观赏及园林用途】

乌柳是防风固沙、护岸保土的重要造林树种，也是荒山、荒坡、荒地造林的理想先锋树种。

【主色调】

绿色。

CMYK值：68.43.79.32

白玉兰

Yulania denudata

【科属形态】

　　木兰科木兰属，落叶乔木，高达25 m。枝广展形成宽阔的树冠；叶纸质，倒卵形、宽倒卵形或倒卵状椭圆形，基部徒长枝叶椭圆形，花先叶开放，直立，芳香，花期10天左右。花期2—3月（亦常于7—9月再开一次花），果期8—9月。

【习　　性】

　　玉兰性喜光，较耐寒，可露地越冬。爱干燥，忌低湿，栽植地渍水易烂根。喜肥沃、排水良好而带微酸性的沙质土壤，在弱碱性的土壤中亦可生长。玉兰花对有害气体的抗性较强。

【观赏及园林用途】

　　我国著名的花木，南方早春重要的观花树木。玉兰花外形极像莲花，盛开时，花瓣展向四方，使庭院青白片片，白光耀眼，具有很高的观赏价值，为美化庭院的理想花型。

【主色调】

　　白色（花）。

　　　　　　CMYK值：15.11.12.0

裂叶蒙桑

Morus mongolica diabolica

【科属形态】

桑科桑属，小乔木或灌木。叶多深裂，长椭圆状卵形，边缘锯齿整齐而深，齿尖具长刺芒；聚花果圆筒形，成熟红色至紫色。花期3—4月，果期4—5月。

【习　性】

西藏特有的植物，主要分布于察隅。

生于海拔约2600 m的村寨边或山坡林中。

【观赏及园林用途】

观叶、观姿。园林应用中多用于孤植。

【主色调】

绿色。

CMYK值：64.11.100.1

川滇高山栎

Quercus aquifolioides

【科属形态】

　　壳斗科栎属，常绿乔木，高达20 m。幼枝被黄棕色星状绒毛。叶片椭圆形或倒卵形，叶柄有时近无柄。雄花序轴及花被均被疏毛；有花。果序不长，壳斗浅杯形，包着坚果基部，小苞片卵状长椭圆形，钝头，坚果卵形或长卵形。5—6月开花，9—10月结果。

【习　性】

　　分布于中国四川、贵州、云南、西藏等地。生长在海拔2000～4500 m的山坡向阳处或高山松林下。

【观赏及园林用途】

　　川滇高山栎具有较强的生态效应，它的适应性和抗环境干扰能力很强，并且根系发达，萌蘖能力强，对高海拔干旱地区的水土保持和涵养水源具有重要作用。

【主色调】

　　蓝绿色。

　　　CMYK值：75.34.62.15

粉花绣线菊

Spiraea japonica

【科属形态】

蔷薇科绣线菊属，直立灌木，高可达1.5 m；枝条开展细长，圆柱形，冬芽卵形，叶片卵形至卵状椭圆形，上面暗绿色，下面色浅或有白霜，通常沿叶脉有短柔毛；复伞房花序，花朵密集，密被短柔毛；苞片披针形至线状披针形，萼筒钟状，萼片三角形，花瓣卵形至圆形，粉红色；花盘圆环形，蓇葖果半开张，花柱顶生。6—7月开花，8—9月结果。有时一年开花2次。

【习　性】

生态适应性强，耐寒，耐旱，耐贫瘠，抗病虫害。

【观赏及园林用途】

花繁叶密，具有观赏价值，可用作绿化植物、地被观花植物、花篱、花境。

【主色调】

红色（花）。

CMYK值：20.78.10.0

碧桃

Amygdalus persica

【科属形态】

　　蔷薇科桃属，落叶小乔木，高可达8 m，一般整形后控制在3～4 m。树冠宽广而平展，广卵形；单叶互生，椭圆状或披针形，花单生或2朵生于叶腋，先于叶开放，果实形状和大小均有变异，卵形、宽椭圆形或扁圆形。花期4—5月。

【习　性】

　　碧桃性喜阳光，耐旱，不耐潮湿的环境。喜欢气候温暖的环境，耐寒性好，能在－25℃的自然环境安然越冬。要求土壤肥沃、排水良好。

【观赏及园林用途】

　　在园林绿化中用途广泛，绿化效果突出，可片植形成桃林，也可孤植点缀于草坪中，亦可与贴梗海棠等花灌木配植，形成百花齐放的景象。在园林绿化中被广泛用于湖滨、溪流、道路两侧和公园等，也用于小型绿化工程如庭院绿化点缀、私家花园等。栽植当年即有特别好的效果体现。碧桃是园林绿化中常用的彩色苗木之一，和紫叶李、紫叶矮樱等苗木通常一起使用。碧桃花大色艳，开花时非常漂亮，观赏期达15天之久。

【主色调】

　　红色（花）。

　　CMYK值：20.78.10.0

日本贴梗海棠

Chaenomeles speciosa

【科属形态】

蔷薇科木瓜属，矮灌木，高约1 m。枝条广开，有细刺。小枝粗糙，圆柱形。叶片倒卵形、匙形至宽卵形。花3～5朵簇生，花梗短或近于无梗。花期3—6月，果期8—10月。

【习　性】

原产于日本。中国陕西、江苏、浙江等地庭园可见栽培。

【观赏及园林用途】

观花、观叶。有白花、斑叶和平卧变种，供观赏用。多孤植或群植。

【主色调】

红色（花）。

CMYK值：7.99.71.1

毛叶木瓜

Chaenomeles cathayensis

【科属形态】

　　蔷薇科木瓜属，落叶灌木至小乔木，高2～6 m；枝条直立，短刺；小枝紫褐色圆柱形，无毛，叶片椭圆形、披针形至倒卵披针形，上半部有时形成重锯齿，下半部锯齿较稀，叶柄有毛或无毛；托叶草质，肾形、耳形或半圆形，花先叶开放，花梗短粗或近于无梗；萼筒钟状卵圆形至椭圆形，花瓣倒卵形或近圆形，淡红色或白色。果实卵球形或近圆柱形。3—5月开花，9—10月结果。

【习　性】

　　毛叶木瓜生长于海拔900～2500 m的山坡、林边、道旁，栽培或野生。习性强健，喜温暖湿润和阳光充足的环境，有一定的耐寒性，有很好的抗旱能力，但怕水涝。土壤要求不严，在肥沃疏松、土层深厚、排水良好的微酸性土壤中生长更好，不耐盐碱。

【观赏及园林用途】

　　毛叶木瓜花期较早，花粉红色或近白色，叶色墨绿，花先叶开放，花与叶形状较为奇特，相互衬托，有较高的观赏价值。是一种春季看花、秋季观果的多用途花果药用植物，深受人们喜爱。

【主色调】

　　粉红色（花）。

　　CMYK值：10.99.76.0

白梨

Pyrus bretschneideri

【科属形态】

蔷薇科梨属，乔木，高5～8 m，树冠开展。两年生枝紫褐色，叶片卵形或椭圆卵形，叶柄嫩时密被绒毛，线形至线状披针形；伞形总状花序；果实黄色，卵形或近球形有细密斑点，种子褐色倒卵形。花期4月，果期8—9月。

【习　性】

耐寒、耐旱、耐涝、耐盐碱。冬季最低温度在－25℃以上的地区，多数品种可安全越冬。根系发达，喜光喜温，宜选择土层深厚、排水良好的缓坡山地种植，尤以沙质壤土山地为佳。

【观赏及园林用途】

在园林中孤植于庭院，或丛植于开阔地、亭台周边或溪谷口、小河桥头均甚相宜。

【主色调】

浅绿色（果）。

CMYK值：22.0.64.0

山楂

Crataegus pinnatifida Bunge

【科属形态】

蔷薇科山楂属，落叶乔木，高可达6 m。叶片宽卵形或三角状卵形，稀菱状卵形，伞房花序具多花，果实近球形或梨形。花期5—6月，果期9—10月。

【习　性】

山楂适应性强，喜凉爽、湿润的环境，既耐寒又耐高温，在－36～43℃均能生长。喜光也能耐阴，一般分布于荒山秃岭、阳坡、半阳坡、山谷，坡度以15°～25°为好。耐旱，水分过多时，枝叶容易徒长。对土壤要求不严格，但在土层深厚、质地肥沃、疏松、排水良好的微酸性沙壤土生长良好。

【观赏及园林用途】

观花、观果。多孤植或丛植。

【主色调】

绿色。

CMYK值：45.8.100.0

皱叶醉鱼草

Buddleja crispa

【科属形态】

　　玄参科醉鱼草属，灌木，高1～3 m。幼枝近四棱形，老枝圆柱形；枝条、叶片两面、叶柄和花序均密被灰白色绒毛或短绒毛。叶对生，叶片厚纸质，卵形或卵状长圆形，叶柄间的托叶心形至半圆形，长0.3～2 cm，常被星状短绒毛。圆锥状或穗状聚伞花序顶生或腋生。花期2—3月，果期5—6月。

【习　性】

　　醉鱼草为阳性植物，喜干燥的土壤，怕水淹，因此栽培醉鱼草一定要选择向阳、干燥的地点；浇水不宜过多，雨季注意防涝。

【观赏及园林用途】

　　观花。丛植。

【主色调】

　　粉色（花）。

　　　　　　CMYK值：16.40.0.0

西府海棠

Malus micromalus

【科属形态】

　　蔷薇科苹果属，小乔木，高达2.5～5 m，树枝直立性强；小枝细弱圆柱形，嫩时被短柔毛，老时脱落，紫红色或暗褐色，具稀疏皮孔；冬芽卵形，先端急尖，无毛或仅边缘有绒毛，暗紫色。叶片长椭圆形或椭圆形，长5～10 cm，宽2.5～5 cm，先端急尖或渐尖，基部楔形稀近圆形，边缘有尖锐锯齿，嫩叶被短柔毛，下面较密，老时脱落；伞形总状花序，有花4～7朵，集生于小枝顶端，花梗长2～3 cm，嫩时被长柔毛，逐渐脱落；苞片膜质，线状披针形，早落；花直径约4 cm。

【习　性】

　　喜光，耐寒，忌水涝，忌空气过湿，较耐干旱。

【观赏及园林用途】

　　为常见栽培的果树及观赏树。树姿直立，花朵密集。每到春夏之交，迎风峭立，花姿明媚动人，楚楚有致，与玉兰、牡丹、桂花相伴，形成"玉棠富贵"之意。

【主色调】

　　白色（花）。

　　CMYK值：1.1.1.0

113

现代月季

Rosa cultivars

【科属形态】

蔷薇科蔷薇属，常绿或半常绿直立灌木，通常具钩状皮刺。花常数朵簇生，罕单生，深红、粉红至近白色，微香；花期4月下旬至10月；果熟期9－11月。

【习　性】

现代月季杂交了很多习性不同的血统，对环境适应性颇强，我国南北各地均有栽培，对土壤要求不高，但以富含有机质、排水良好而微酸性（pH6～6.5）土壤最好。喜光，但过于强烈的阳光照射又对花蕾发育不利，花瓣易焦枯。

【观赏及园林用途】

月季花色艳丽，花期长，是园林布置的好材料。宜做花坛、花境及基础栽植用，在草坪、园路角隅、庭院、假山等处配植也很合适，又可作盆栽及切花用。

【主色调】

紫红色（花）。

CMYK值：4.58.3.0

粉枝莓

Rubus biflorus

【科属形态】

蔷薇科悬钩子属，攀缘灌木，高1~3 m；枝紫褐色至棕褐色，无毛，具白粉霜，疏生粗壮钩状皮刺。花2~8朵，生于侧生小枝顶端的花较多，常4~8朵簇生或成伞房状花序，花期5—6月，果期7—8月。

【习　性】

生山谷河边或山地杂木林内，海拔1500~3500 m。

【观赏及园林用途】

观花、观果。多丛植。

【主色调】

橙黄色（果）。

CMYK值：16.60.100.3

国槐

Sophora japonica

【科属形态】

蝶形花科槐属，乔木，高达25 m；树皮灰褐色，具纵裂纹。当年生枝绿色，无毛。圆锥花序顶生，常呈金字塔形，荚果串珠状，种子卵球形，淡黄绿色，干后黑褐色。花期6—7月，果期8—10月。

【习　性】

国槐育苗地应选择地势平坦、排灌条件良好、土质肥沃、土层深厚的壤土或沙壤土为宜。其对中性、石灰性和微酸性土质均能适应，在轻度盐碱土上能正常生长，但干旱、瘠薄及低洼积水圃地生长不良。

【观赏及园林用途】

国槐是庭院常用的特色树种，其枝叶茂密，绿荫如盖，适宜用作庭荫树，在中国北方多用作行道树。配植于公园、建筑四周、街坊住宅区及草坪上，也极相宜。也可作工矿区绿化之用。夏秋可观花，并为优良的蜜源植物。又是防风固沙，用材及经济林兼用的树种，是城乡良好的遮阴树和行道树种，对二氧化硫、氯气等有毒气体有较强的抗性。国槐也是可以选为混交林的树种。

【主色调】

绿色。

CMYK值：86.41.95.42

刺槐

Robinia pseudoacacia

【科属形态】

豆科刺槐属，落叶乔木，高10~25 m。树皮灰褐色至黑褐色，浅裂至深纵裂，稀光滑。总状花序腋生，下垂，花多数，芳香，花期4—6月，果期8—9月。

【习　性】

温带树种。对水分条件很敏感，在地下水位过高、水分过多的地方生长缓慢，易诱发病害，造成植株烂根、枯梢甚至死亡。有一定的抗旱能力。喜土层深厚、肥沃、疏松、湿润的壤土、沙质壤土、沙土或黏壤土，在中性土、酸性土、含盐量0.3%以下的盐碱性土上都可以正常生长，在积水、通气不良的黏土上生长不良，甚至死亡。喜光，不耐庇荫。萌芽力和根蘖性都很强。

【观赏及园林用途】

刺槐树冠高大，叶色鲜绿，每当开花季节绿白相映，素雅而芳香，可作为行道树、庭荫树、工矿区绿化及荒山荒地绿化的先锋树种。对二氧化硫、氯气、光化学烟雾等的抗性都较强，还有较强的吸收铅蒸气的能力。根部有根瘤，有提高土地肥力之效。

【主色调】

绿色。

CMYK值：54.10.100.0

四倍体刺槐

Robinia pseudoc acia

【科属形态】

豆科刺槐属，叶片肥大，速生性明显，根系发达，枝叶茂密。花期6月。

【习　性】

速生、耐贫瘠、耐盐碱、耐干旱、耐低温，抗病虫害能力强、自繁力强。能在沙土、壤土、矿渣滩、石砾土上生长。

【观赏及园林用途】

是优良的水土保持、防风固沙和荒山绿化的先锋树种。

【主色调】

绿色。

CMYK值：74.20.64.3

女贞

Ligustrum lucidum

【科属形态】

　　木樨科女贞属，常绿灌木或乔木，高可达25 m；枝叶茂密，树形整齐，树皮灰褐色。枝黄褐色、灰色或紫红色，圆柱形，疏生圆形或长圆形皮孔。圆锥花序顶生，果肾形或近肾形，花期5—7月，果期7月至翌年5月。

【习　性】

　　耐寒性好，耐水湿，喜温暖湿润气候，喜光耐阴。为深根性树种，须根发达，生长快，萌芽力强，耐修剪，但不耐瘠薄。对大气污染的抗性较强，对二氧化硫、氯气、氟化氢及铅蒸气均有较强抗性，也能忍受较高的粉尘、烟尘污染。对土壤要求不严，以沙质壤土或黏质壤土栽培为宜，在红、黄壤土中也能生长。

【观赏及园林用途】

　　女贞四季婆娑，枝干扶疏，枝叶茂密，树形整齐，是园林中常用的观赏树种，可于庭院孤植或丛植，亦作为行道树。因其适应性强，生长快又耐修剪，也用作绿篱。

【主色调】

　　绿色（叶）、白色（花）。

　　　　　CMYK值：59.18.100.2　　　　　　CMYK值：7.0.10.0

金边卵叶女贞

Ligustrum ovalifolium 'Aureum'

【科属形态】

木樨科女贞属，常绿灌木；小枝从根颈丛出，细长而开展，有短柔毛。叶对生，革质，椭圆形以至卵形，先端突尖，表面暗绿色，有光泽，背面翠绿色，大多数具阔狭不等的黄色边缘。圆锥花序广阔而疏松；花冠乳白色。花期5月。

【习　性】

喜光树种，稍耐阴。在排水良好、湿润、肥沃土壤中生长良好。不耐严寒，稍耐烟尘。

【观赏及园林用途】

观叶。园林应用中常群植。

【主色调】

黄绿色。

CMYK值：24.0.100.0

迎春 *Jasminum nudiflorum*

【科属形态】

　　木樨科素馨属，落叶灌木，丛生。株高30～500 cm。小枝细长直立或拱形下垂，呈纷披状。3小叶复叶交互对生，叶卵形至矩圆形。花单生在去年生的枝条上，先于叶开放，有清香，金黄色，外染红晕。花期2—4月。

【习　性】

　　喜光，稍耐阴，略耐寒，怕涝，在华北地区均可露地越冬。要求温暖而湿润的气候，疏松肥沃和排水良好的沙质土，在酸性土中生长旺盛，碱性土中生长不良。根部萌发力强，枝条着地部分极易生根。

【观赏及园林用途】

　　迎春枝条披垂，冬末至早春先花后叶，花色金黄，叶丛翠绿。在园林绿化中宜配植在湖边、溪畔、桥头、墙隅，或在草坪、林缘、坡地、房屋周围栽植，可供早春观花。迎春的绿化效果突出，体现速度快，在各地都有广泛使用。

【主色调】

　　黄色（花）。

　　CMYK值：18.7.98.0

紫丁香

Syringa oblata

【科属形态】

紫丁香俗名白丁香、毛紫丁香。木樨科丁香属，多年生落叶灌木、小乔木，高4～5 m。叶片纸质，单叶互生，叶卵圆形或肾脏形，有微柔毛，先端锐尖。花白色，有单瓣、重瓣之别，花端四裂，筒状，呈圆锥花序。花期4—5月。

【习　性】

喜光，稍耐阴，耐寒，耐旱，喜排水良好的深厚、肥沃土壤。

【观赏及园林用途】

春季盛开时硕大而艳丽的花序布满全株，在园林用途中主要用于观花、观色。素雅而清香，常植于庭园观赏。

【主色调】

白色、紫色（花）。

CMYK值：10.1.5.0

CMYK值：45.42.0.0

欧洲李

Prunus domestica

【科属形态】

　　蔷薇科李属，落叶乔木，高可达15 m，树冠宽卵形，树干深褐灰色，冬芽卵圆形，红褐色，叶片椭圆形或倒卵形，上面暗绿色，下面淡绿色，被柔毛，叶柄密被柔毛，托叶线形。花簇生于短枝顶端，花梗无毛或具短柔毛，萼筒钟状，萼片卵形，花瓣白色，有时带绿晕。核果稀近球形，通常有明显侧沟，红色、紫色、绿色、黄色，常被蓝色果粉。5月开花，9月结果。

【习　性】

　　喜光，喜肥沃、深厚、湿润土壤，抗旱，较耐大气干旱，耐水湿。

【观赏及园林用途】

　　树枝广展，红褐色而光滑，叶自春至秋呈红色，尤以春季最为鲜艳，花小、白或粉红色，是良好的观叶园林植物。

【主色调】

　　绿色。

　　　　　　CMYK值：54.10.100.0

素方花

Jasminum officinale

【科属形态】

木樨科素馨属植物。攀缘灌木，高0.4~5 m。小枝具棱或沟，无毛，稀被微柔毛。叶对生，羽状深裂或羽状复叶，叶片和小叶片两面无毛或疏被短柔毛；顶生小叶片卵形、狭卵形或卵状披针形至狭椭圆形，果球形或椭圆形，成熟时由暗红色变为紫色。花期5—8月，果期9月。

【习　性】

生长于海拔1800~3800 m的山谷、沟地、灌丛、林中或高山草地。性喜温暖和阳光充足的环境，不耐寒，不耐阴。要求在土质肥厚、疏松透气、排水良好的沙质土壤中生长。

【观赏及园林用途】

素方花枝叶茂密，在园林绿化、美化中，大多植于围墙旁，遍植于山坡地，散植于湖、池塘边，丛植于大树下，是一种较好的绿化、美化植物。城市商场栽培，除绿化商场周围的环境外，还可盆栽，最好选用古老桩头，做成悬崖状树桩盆景，置于柜台或花架上，白花翠蔓，观赏价值更高。

【主色调】

绿色。

CMYK值：37.0.47.0

金枝槐

Sophora japonica 'Winter Gold'

【科属形态】

豆科槐属，槐的栽培品种，乔木，2年生的树体呈金黄色，树皮光滑，羽状复叶叶轴初被疏柔毛，旋即脱净；锥状花序，顶生，种子间缢缩不明显，种子排列较紧密，果皮肉质，成熟后不开裂，种子椭圆形。5—8月开花，8—10月结果。

【习　性】

金枝槐耐旱、耐寒力较强，对土壤要求不严格，贫瘠土壤可生长，腐殖质肥沃的土壤，生长良好。

【观赏及园林用途】

金枝槐树木通体呈金黄色，富贵、美丽，是公路、校园、庭院、公园、机关单位等绿化的优良品种，具有较高的观赏价值。

【主色调】

金色（叶）。

CMYK值：13.5.89.0

Acer palmatum

鸡爪槭

【科属形态】

槭树科槭属，落叶小乔木。树冠伞形，树皮平滑，深灰色。小枝紫或淡紫绿色，老枝淡灰紫色。叶近圆形，基部心形或近心形，掌状，常7深裂，密生尖锯齿。后叶开花；花紫色，杂性，雄花与两性花同株；伞房花序。萼片卵状披针形；花瓣椭圆形或倒卵形。幼果紫红色，熟后褐黄色，果核球形，脉纹显著，两翅成钝角。花果期5－9月。

【习　性】

喜疏阴的环境，夏日怕日光暴晒，抗寒性强，能忍受较干旱的气候条件。多生于阴坡湿润山谷，耐酸碱，较耐燥，不耐水涝，凡西晒及潮风所到地方，生长不良。适应于湿润和富含腐殖质的土壤。

【观赏及园林用途】

鸡爪槭可用作行道和观赏树，是较好的"四季"绿化树种。鸡爪槭是园林中名贵的观赏乡土树种，在园林绿化中，常用不同品种配植于一起，形成色彩斑斓的槭树园；也可在常绿树丛中杂以槭类品种，营造"万绿丛中一点红"的景观。植于山麓、池畔，以显其潇洒、婆娑的绰约风姿；配以山石，则具古雅之趣。另外，可植于花坛中做主景树，植于园门两侧、建筑物角隅，装点风景；以盆栽用于室内美化，也极为雅致。

【主色调】

深红色。

CMYK值：0.100.100.0

尼泊尔黄花木

Piptanthus nepalensis

【科属形态】

豆科黄花木属，灌木，高1.5～3 m。茎圆柱形，具沟棱，被白色棉毛。叶柄长1～3 cm，上面具阔槽，下面圆凸，密被毛；托叶长7～14 mm，被毛。小叶披针形、长圆状椭圆形或线状卵形，长6～14 cm，宽1.5～4 cm，先端渐尖，基部楔形，硬纸质，上面无毛，暗绿色，下面初被黄色丝状毛和白色贴伏柔毛，后渐脱落，呈粉白色，两面平坦，侧脉不隆起。

【习　性】

喜光，稍耐阴，略耐寒，怕涝。要求温暖而湿润的气候，疏松肥沃和排水良好的沙质土，在酸性土中生长旺盛，碱性土中生长不良。根部萌发力强，枝条着地部分极易生根。

【观赏及园林用途】

常见于路边、墙隅处，在园林绿化中可用于片植，起点缀景观作用。

【主色调】

黄色。

CMYK值：1.91.100.0

臭椿

Ailanthus altissima

【科属形态】

　　苦木科臭椿属，落叶乔木，高可达20余米。树皮平滑而有直纹，嫩枝有髓，幼时被黄色或黄褐色柔毛，后脱落，叶为奇数羽状复叶，圆锥花序，翅果长椭圆形。花期4—5月，果期8—10月。

【习　性】

　　喜光，不耐阴。适应性强，除黏土外，各种土壤（中性、酸性及钙质土）都能生长，适生于深厚、肥沃、湿润的沙质土壤。耐寒，耐旱，不耐水湿，长期积水会烂根死亡。深根性。垂直分布在海拔100～2000 m内。

【观赏及园林用途】

　　臭椿树干通直高大，枝叶繁茂，春季嫩叶紫红色，秋季红果满树，颇为美观，是良好的观赏树和行道树。可孤植、丛植或与其他树种混栽，适宜于工厂、矿区等绿化。

【主色调】

　　绿色。

　　　CMYK值：65.15.95.3

香椿

Toona sinensis

【科属形态】

楝科香椿属，乔木。树皮粗糙，深褐色，片状脱落。叶具长柄，偶数羽状复叶，圆锥花序与叶等长或更长，被稀疏的锈色短柔毛或有时近无毛，小聚伞花序生于短的小枝上，多花；蒴果狭椭圆形。花期6—8月，果期10—12月。

【习　性】

香椿喜温，适宜在平均气温8～10℃的地区栽培，抗寒能力随树龄的增加而提高。喜光，较耐湿，适宜生长于河边、宅院周围肥沃湿润的土壤中，一般以沙壤土为好。

【观赏及园林用途】

为华北、华中、华东等地低山丘陵或平原地区的重要用材树种，又为观赏及行道树种。园林中配植于疏林，做上层滑干树种，其下栽以耐阴花木。

【主色调】

绿色。

CMYK值：70.19.75.3

茎花南蛇藤

Celastrus stylosus Wall

【科属形态】

卫矛科南蛇藤属，藤状灌木。小枝无毛或微被毛；叶椭圆状长圆形、卵形或倒卵形；花枝通常腋生；顶芽及腋芽较大；花盘膜质，杯形。花期6月，果期7—10月。

【习　性】

生于海拔1890～3200 m的河谷杂木林或常绿阔叶林中。

【观赏及园林用途】

茎花南蛇藤树姿优美，常孤植做景。

【主色调】

绿色。

CMYK值：49.0.100.0

瓜子黄杨

Buxus sinica

【科属形态】

黄杨科黄杨属，常绿灌木或小乔木。树干灰白光洁，枝条密生，枝四棱形。叶对生，革质，全缘，椭圆或倒卵形，先端圆或微凹，表面亮绿色，背面黄绿色。花簇生叶腋或枝端，花黄绿色，蒴果卵圆形。花期4—5月。

【习　性】

喜光，亦较耐阴，适生于肥沃、疏松、湿润之地，酸性土、中性土或微碱性土均能适应。萌生性强，较耐修剪。

【观赏及园林用途】

树姿优美，为制作盆景的珍贵树种。

【主色调】

黄绿色。

CMYK值：20.0.91.0

美人榆

Toona sinensis

【科属形态】

　　榆科榆属。叶缘具锯齿，叶尖渐尖，互生于枝条上，小枝橘红色。花期3—4月，果期4—6月。

【习　性】

　　美人榆适应干旱、寒冷气候。

【观赏及园林用途】

　　美人榆叶片金黄，色泽艳丽，有自然光泽，叶脉清晰，质感好，树姿优美，是优良的园林树种，适宜孤植或做行道树。

【主色调】

　　黄色。

CMYK值：13.10.100.0

腰果小檗

Berberis johannis Ahrendt

【科属形态】

小檗科小檗属，落叶灌木，高可达2 m。老枝灰色，幼枝淡褐色，茎刺细弱，三分叉，叶纸质，倒披针形或倒卵形，叶缘平展，全缘，有时每边具刺状小锯齿；伞形花序有花，苞片三角状卵形，花黄色；外萼片长圆状三角形，中萼片长圆状卵形，内萼片椭圆形，花瓣倒卵形，浆果长圆状椭圆形或长圆状卵形，亮红色。花期5—6月，果期7—10月。

【习　性】

适应性强，喜凉爽湿润环境，耐旱，耐寒，喜阳，能耐半阴，光线稍差或密度过大时部分叶片会返绿。

【观赏及园林用途】

枝丛生，叶紫红至鲜红。4月开花，花黄色，略有香味。果鲜红色，挂果期长，落叶后仍缀满枝头。小檗是花、叶、果俱美的观赏植物。

【主色调】

紫红色。

CMYK值：39.78.52.23

南天竹

Nandina domestica Thunb

【科属形态】

　　小檗科南天竹属，常绿小灌木。茎常丛生而少分枝，高1~3 m，叶互生，集生于茎的上部，三回羽状复叶，圆锥花序直立，花小，白色，具芳香。花期3—6月，果期5—11月。

【习　性】

　　南天竹性喜温暖湿润的环境，比较耐阴，耐寒，容易养护。栽培土要求肥沃、排水良好的沙质壤土。对水分要求不甚严格，既能耐湿也能耐旱。比较喜肥，可多施磷、钾肥。生长期每月施1~2次液肥。盆栽植株观赏几年后，枝叶老化脱落，可整形修剪，一般主茎留15 cm左右便可，4月修剪，秋后可恢复到1m高，并且树冠丰满。

【观赏及园林用途】

　　茎干丛生，枝叶扶疏，秋冬叶色变红，有红果，经久不落，是赏叶观果的佳品。

【主色调】

　　红色。

　　　CMYK值：39.77.53.18

文殊兰

Crinum asiaticum

【科属形态】

石蒜科文殊兰属，多年生草本植物。具被膜鳞茎，长圆柱形。叶基生、剑形。伞形花序，有花20余朵，花被筒直立，长7～10 cm，花纯白色，有香气。

【习　性】

喜温暖、潮湿、光照充足的环境，但幼株应适当遮阴。喜疏松透水、肥沃、富含腐殖质的土壤。生长适温为18～22℃，越冬温度不得低于5℃。

【观赏及园林用途】

文殊兰叶丛优美，花香雅洁，为大型盆栽花卉，可布置厅堂、会场等。暖地可地栽于庭院。

【主色调】

白色（花）。

CMYK值：0.3.0.0

Lonicera japonica

忍冬

【科属形态】

忍冬科忍冬属，多年生半常绿缠绕藤本。叶纸质，卵形至矩圆状卵形，有时卵状披针形，花冠白色，有时基部向阳面呈微红，后变黄色，果实圆形。花期4—6月（秋季亦常开花），果熟期10—11月。

【习　性】

忍冬的适应性很强，对土壤和气候的选择并不严格，以土层较厚的沙质壤土为最佳。山坡、梯田、地堰、堤坝、瘠薄的丘陵都可栽培。

【观赏及园林用途】

忍冬是极优良的木本地被植物，最宜做公园、广场、道路模纹色块、色带布置，也宜修剪成球，配植于草坪一隅或园林、桥旁、亭边，效果良好。

【主色调】

绿色。

CMYK值：46.0.100.0

鱼尾葵

Caryota maxima

【科属形态】

棕榈科鱼尾葵属，乔木，高10～15（20）m，直径15～35 cm，茎绿色，被白色的毡状绒毛，具环状叶痕。叶长3～4 m，幼叶近革质，老叶厚革质；花序长3～3.5（5）m，具多数穗状的分枝花序，子房近卵状三棱形，柱头2裂。果实球形，成熟时红色，直径1.5～2 cm。

【习　性】

鱼尾葵喜疏松、肥沃、富含腐殖质的中性土壤，不耐盐碱，也不耐强酸，不耐干旱瘠薄，也不耐水涝。喜温暖，喜湿，生长适温为25～30℃，越冬温度在10℃以上。耐阴性强，忌阳光直射，否则叶面会变成黑褐色，并逐渐枯黄；夏季荫棚下养护，生长良好。

【观赏及园林用途】

本种树形美丽，可用作庭园绿化植物。

【主色调】

绿色。

CMYK值：46.0.100.0

紫荆

Cercis chinensis

【科属形态】

豆科紫荆属，落叶乔木或灌木。高2～5 m；树皮和小枝灰白色；叶纸质，近圆形或三角状圆形；花紫红色或粉红色，簇生于老枝和主干上，尤以主干上花束较多，越到上部幼嫩枝条花越少，通常先于叶开放，但嫩枝或幼株上的花与叶同时开放；荚果扁狭长形，绿色。花期3—4月，果期8—10月。

【习　性】

暖带树种，较耐寒。喜光，稍耐阴。喜肥沃、排水良好的土壤，不耐湿。萌芽力强，耐修剪。

【观赏及园林用途】

紫荆宜栽植于庭院、草坪、岩石及建筑物前，用于小区的园林绿化，具有较好的观赏效果。

【主色调】

红紫色（花）。

CMYK值：59.90.5.0

长瓣瑞香

Daphne longilobata

【科属形态】

　　瑞香科瑞香属，落叶灌木。高约1 m，枝细瘦，幼枝被灰黄色柔毛，老枝棕褐色，无毛。花黄绿色，果实幼时褐绿色，成熟时红色。花期6-10月。

【习　性】

　　长瓣瑞香在海拔2500～2700 m的林下灌丛中较为常见。分布于四川西南部、云南西北部、西藏东部。

【观赏及园林用途】

　　长瓣瑞香四季苍翠，形态优美，花色艳丽丰富，花期持久，香味浓郁，具有很高的观赏价值。应用形式主要有盆栽观赏，庭院绿化，花坛、花境，制作盆景和插花等。

【主色调】

　　绿色（叶）、白色（花）。

　　CMYK值：64.11.98.31　　　　CMYK值：5.2.19.0

头状四照花

Dendrobenthamia capitata

【科属形态】

　　山茱萸科四照花属，常绿乔木，稀灌木，高3～15 m。幼枝灰绿色，冬芽小，圆锥形，密被白色细毛。叶对生，薄革质或革质。头状花序球形，为100余朵绿色花聚集而成。果序扁球形，成熟时紫红色。花期5—6月，果期9—10月。

【习　性】

　　喜温暖气候和阴湿环境，适生于肥沃而排水良好的沙质土壤。适应性强，能耐一定程度的低温、干旱、瘠薄。性喜光，亦耐半阴。耐−15℃低温，在江南一带能露地栽植。夏季叶尖易枯萎。

【观赏及园林用途】

　　头状四照花是观赏价值较高的树种，初夏淡黄花满枝，晚秋红色果实累累，树形美观、整齐，是城市庭院绿化的观花观果优良树种。可孤植或列植，也可丛植于草坪、路边、林缘、池畔，与常绿树混植，至秋天叶片变为褐红色，观赏其秀丽的叶形、奇异的花朵和红灿灿的果实。

【主色调】

　　绿色。

　　　　　CMYK值：68.16.96.18

滇牡丹

Paeonia delavayi Franch

俗名黄牡丹、狭叶牡丹、紫牡丹、野牡丹。芍药科芍药属，落叶小灌木或亚灌木，高1~1.5 m，全体无毛；茎木质，圆柱形，灰色；嫩枝绿色，基部有宿存倒卵形鳞片。叶互生，纸质，2回3出复叶，花瓣9~12，黄色，倒卵形，有时边缘红色或基部有紫色斑块。一般3月萌发，4—5月开花，9—10月果熟，11月叶脱落。

【习　性】

西藏（林芝、米林）、云南、四川（木里）等地有分布。野生滇牡丹（黄牡丹）成片分布于林芝、波密、察隅等地。

海拔下限：2000 m；海拔上限：3500 m。

【观赏及园林用途】

5月是林芝滇牡丹（黄牡丹）花盛开季节，成片的黄牡丹烂漫飘逸，娇艳芬芳，黄色的牡丹娇艳欲滴。可成片栽植，达到景观效果。

【主色调】

黄色（花）。

CMYK值：17.0.89.0

西藏铁线莲

Clematis tenuifolia Royle

【科属形态】

　　毛茛科铁线莲属，多年生草质藤本植物。须根红褐色密集，茎攀缘圆柱形，表面棕黑色或暗红色，有明显的6条纵纹；羽状复叶，小叶片纸质，卵圆形或卵状披针形，顶端渐尖或钝尖，基部常圆形，边缘全缘，有淡黄色开展的睫毛，小叶柄常扭曲；单花顶生，花梗直而粗壮，被淡黄色柔毛，无苞片；花大，萼片白色或淡黄色，倒卵圆形或匙形，顶端圆形，基部渐狭，花丝线形，短于花药，花药黄色，子房狭卵形，花柱上部被短柔毛。瘦果卵形。5—6月开花，6—7月结果。

【习　性】

　　性耐寒，耐旱，较喜光照，但不耐暑热强光，喜深厚肥沃、排水良好的碱性壤土及轻沙质壤土。根系为黄褐色肉质根，不耐水渍。

【观赏及园林用途】

　　多做高档盆花栽培，园林栽培中可用木条、竹材等搭架，让铁线莲新生的茎蔓缠绕其上生长，构成塔状；也可栽培于绿廊支柱附近，让其攀附生长；还可布置在稀疏的灌木篱笆中，也可布置于墙垣、棚架、阳台、门廊等处。

【主色调】

　　黄色（果）。

　　　CMYK值：36.40.100.9

仙人掌

Opuntia dillenii

【科属形态】

仙人掌科仙人掌属，丛生肉质灌木，高1.5～3 m。上部分枝宽倒卵形、倒卵状椭圆形或近圆形，绿色至蓝绿色，无毛；刺黄色，有淡褐色横纹，坚硬；倒刺直立。叶钻形，绿色，早落。花辐状；花托倒卵形，基部渐狭，绿色；萼状花被黄色，具绿色中肋；花丝淡黄色；花药黄色；花柱淡黄色，柱头黄白色。浆果倒卵球形，顶端凹陷，表面平滑无毛，紫红色，倒刺刚毛和钻形刺。种子多数扁圆形，边缘稍不规则，无毛，淡黄褐色。花期6—10（12）月。

【习　性】

仙人掌喜阳光、温暖，耐旱，怕寒冷、怕涝、怕酸性土壤，适合在中性、微碱性土壤生长。

【观赏及园林用途】

多盆栽，用作嫁接蟹爪莲和仙人指的砧木。

【主色调】

绿色（枝）、黄色（花）。

CMYK值：18.14.100.0　　　　CMYK值：79.35.69.20

棕榈

Trachycarpus fortunei

【科属形态】

棕榈科棕榈属，常绿乔木，高可达7 m。干圆柱形，叶片近圆形，叶柄两侧具细圆齿，花序粗壮，雌雄异株。花黄绿色，卵球形；果实阔肾形，有脐，成熟时由黄色变为淡蓝色，有白粉，种子胚乳角质。花期4月，果期12月。

【习　性】

棕榈是国内分布最广、分布纬度最高的棕榈科种类。性喜温暖湿润的气候，喜光，极耐寒，较耐阴，成品极耐旱，不耐太大的日夜温差。适生于排水良好、湿润肥沃的中性、石灰性或微酸性土壤，耐轻盐碱，也耐一定水湿。抗大气污染能力强。抗倒伏性差，生长慢。

【观赏及园林用途】

棕榈挺拔秀丽，一派南国风光，适应性强，能抗多种有毒气体。棕皮用途广泛，供不应求，故系园林结合生产的理想树种，又是工厂绿化优良树种。可列植、丛植或成片栽植，也常用盆栽或桶栽做室内或建筑前装饰及布置会场之用。

【主色调】

绿色。

CMYK值：51.0.100.0

郁金

Curcuma aromatica

【科属形态】

姜科姜黄属，常绿灌木或小乔木，高可达5 m。茎光滑无刺。叶柄长10～30 cm；叶片大，革质，近圆形，直径12～30 cm，掌状7～9深裂，裂片长椭圆状卵形，先端短渐尖，基部心形，边缘有疏离粗锯齿，上表面暗亮绿色，下面色较浅，有粒状突起，边缘有时呈金黄色；侧脉搏在两面隆起，网脉在下面稍显著。

【习　性】

喜温暖湿润的气候，耐阴，不耐干旱，有一定耐寒力。宜种植在排水良好、湿润的沙质壤土中。生于野林下，也可栽培种植，花期4—6月。

【观赏及园林用途】

适宜配植于庭院、门旁、窗边、墙隅及建筑物背阴处，也可点缀在溪流滴水之旁，还可成片群植于草坪边缘及林地。另外还可小盆栽供室内观赏。

【主色调】

绿色（叶）、粉色（花）。

CMYK值：22.72.0.0　　　　CMYK值：58.5.94.12

（夏季）

白皮松

Pinus bungeana

【科属形态】

松科松属，乔木，高达30 m。树皮不规则块片脱落，露出粉白色内皮。针叶3针一束；球果卵圆形；种子灰褐色，种翅短。中国特有树种。花期4—5月，球果翌年10—11月成熟。

【习　性】

在气候温凉，土层深厚、肥润的钙质土和黄土上生长良好，耐瘠薄土壤及较干冷的气候。

【观赏及园林用途】

树姿优美，树皮白色或褐白相间，极为美观，为优良的庭园树种。

【主色调】

绿色。

■　CMYK值：62.56.85.60

黑松

Pinus thunbergii Parlatore

【科属形态】

松科松属，乔木，高达30 m，胸径可达2 m。幼树树皮暗灰色，老则灰黑色，粗厚，裂成块片脱落；枝条开展，树冠宽圆锥状或伞形；一年生枝淡褐黄色，无毛；冬芽银白色，圆柱状椭圆形或圆柱形，顶端尖，芽鳞披针形或条状披针形，边缘白色丝状。

【习 性】

在生长期间，宜陈放于室外阳光充足、空气流通之处，不宜长时间放置于室内。

【观赏及园林用途】

经抑制生长、蟠曲造型，姿态雄壮，高亢壮丽，极富观赏价值。黑松盆景对环境适应能力强，庭院、阳台均可培养。其枝干横展，树冠如伞盖，针叶浓绿，四季常青，树姿古雅，可终年欣赏。

【主色调】

绿色。

CMYK值：74.44.73.36

大岛樱

Cerasus speciosa

【科属形态】

蔷薇科樱属，落叶乔木野生樱花的代表，树高可达15 m。花白色，单瓣，呈伞房状开放。萼筒长钟形，萼片呈披针形，边缘有锯齿，花整体无毛。花期3月中旬，花叶同开。

【习　性】

大岛樱属于强阳性树种，性喜阳光，生长期间需接受大量的阳光。根系浅，怕涝，怕积水。

【观赏及园林用途】

许多樱花园艺品种均源自大岛樱。

【主色调】

白色。

CMYK值：6.0.2.0

（春季）

染井吉野樱

Rosaceae Cerasus × yedoensis

【科属形态】

蔷薇科李属樱亚属，落叶树高度5～12 m。花朵有5枚花瓣，花色在花朵刚绽放时是淡红色，而在完全绽放时会逐渐转白。

【习　性】

喜欢温暖湿润的气候环境。对土壤的要求不严，以深厚肥沃的沙质壤土生长最好。

【观赏及园林用途】

樱花色泽鲜艳亮丽，枝叶繁茂旺盛，是早春重要的观花树种，常用于园林观赏。

【主色调】

浅粉色（花）。

CMYK值：42.43.0.0

红瑞木

Cornus alba Linnaeus

【科属形态】

　　山茱萸科梾木属，落叶灌木。老干暗红色，枝桠血红色。叶对生，椭圆形。聚伞花序顶生，花乳白色。花期6—7月，果期8—10月。

【习　性】

　　红瑞木喜欢潮湿温暖的生长环境，适宜的生长温度是22～30℃，光照充足。红瑞木喜肥，在排水通畅、养分充足的环境，生长速度非常快。夏季注意排水，冬季在北方有些地区容易出现冻害。

【观赏及园林用途】

　　秋叶鲜红，小果洁白，落叶后枝干红艳如珊瑚，是少有的观茎植物，也是良好的切枝材料。园林中多丛植于草坪上或与常绿乔木相间种植，得红绿相映之效果。

【主色调】

　　深红色（枝）。

　　CMYK值：57.100.35.23

紫玉兰

Yulania liliiflora

【科属形态】

木兰科玉兰属，落叶灌木，高达3 m，常丛生。树皮灰褐色，小枝绿紫色或淡褐紫色。叶椭圆状倒卵形或倒卵形，长8～18 cm，宽3～10 cm，先端急尖或渐尖，基部渐狭，沿叶柄下延至托叶痕，上面深绿色，幼嫩时疏生短柔毛，下面灰绿色，沿脉有短柔毛。

【习　性】

喜温暖湿润和阳光充足的环境，较耐寒，但不耐旱和盐碱，怕水淹，要求肥沃、排水好的沙壤土。

【观赏及园林用途】

本种与玉兰同为我国2000多年的传统花卉，我国各大城市都有栽培，并已引种至欧美各国，花色艳丽，享誉中外。

【主色调】

紫白色（花）。

CMYK值：25.48.0.0

重瓣榆叶梅

Amygdalus triloba f. multiplex

【科属形态】

蔷薇科桃属，落叶灌木，稀为小乔木。株高2～5 m，叶似榆，花如梅，枝叶茂密，花朵密集艳丽。枝条紫褐色，粗糙，分枝角度小，多直立。冬芽短小，长2～3 mm。花期3—4月，花先于叶开放，花瓣为扁圆形，重瓣，粉红色，花型为玉盘型，花多而密集，花较大；萼片通常10枚。

【习　性】

喜光，抗严寒，耐瘠薄，较耐盐碱，抗病力强，适应性强，不耐涝。

【观赏及园林用途】

花大美丽，花重瓣，常栽培做观赏。

【主色调】

粉色（花）。

CMYK值：26.51.0.0

郁金樱

Cerasus serrulata 'Grandiflora'

【科属形态】

　　绿樱的一种，蔷薇科樱属，有单瓣和重瓣之分，以重瓣的居多。花浅黄绿色，瓣约15枚，质稍硬，最外方的花瓣背部带淡红色，常有旗瓣。萼长椭圆状披针形，全缘，花瓣7～18枚，凹头，淡黄绿色至淡紫色，内侧花柄有柄。

【习　性】

　　光照与通风至关重要，郁金樱开花期不能受强烈日光直射。

【观赏及园林用途】

　　樱花色泽鲜艳亮丽，枝叶繁茂旺盛，是早春重要的观花树种，常用于园林观赏。

【主色调】

　　浅绿色（花）。

　　CMYK值：11.0.14.0

斑叶桃

Amygdalus persica 'Zuoshuang'

【科属形态】

　　蔷薇科桃属，落叶小乔木。直枝型，绿叶上带有紫色斑点或条纹，花红色，梅花型，着花中等。

【习　　性】

　　喜光，喜温和气候，具有一定耐寒性，忌燥热，怕湿涝。

【观赏及园林用途】

　　盛开时硕大而艳丽的花序布满全株，观赏效果甚佳。

【主色调】

　　粉紫色。

　　　　CMYK值：27.83.0.0

龟甲竹

Phyllostachys edulis 'Heterocycla'

【科属形态】

禾本科刚竹属，竿高超过20 m，粗者超过20 cm，竿环不明显，低于箨环或在细竿中隆起。箨鞘背面黄褐色或紫褐色；箨耳微小，繸毛发达；箨舌宽短，强隆起乃至为尖拱形。

【习　性】

喜温暖湿润的气候，大都生长在山谷或流泉之间，土壤水分条件较优越。

【观赏及园林用途】

状如龟甲的竹竿既稀少又珍奇，特别是较高大的竹株。点缀园林，以数株植于庭院醒目之处，也可盆栽观赏。

【主色调】

黄绿色。

CMYK值：47.15.100.1

柳杉

Cryptomeria japonica

【科属形态】

柏科柳杉属，乔木，高达40 m，胸径可超过2 m。树皮红棕色，纤维状，裂成长条片脱落。大枝近轮生，平展或斜展；小枝细长，常下垂，绿色。枝条中部的叶较长，常向两端逐渐变短；叶钻形略向内弯曲，先端内曲，四边有气孔线，长1～1.5 cm，果枝的叶通常较短，有时长不及1 cm，幼树及萌芽枝的叶长达2.4 cm。雄球花单生叶腋，长椭圆形。

【习　性】

柳杉幼龄能稍耐阴。在温暖湿润的气候和土壤酸性、肥厚而排水良好的山地生长较快；在寒凉干燥、土层瘠薄的地方生长不良。

【观赏及园林用途】

树姿秀丽，纤枝略垂，树形圆整高大，树姿雄伟，最适于列植、对植，或于风景区内大面积群植成林，是良好的绿化和环保树种。

【主色调】

绿色。

CMYK值：64.20.100.4

菊花桃

Amygdalus persica 'Juhuatao'

【科属形态】

蔷薇科桃属，灌木或小乔木。树干灰褐色，小枝细长，无毛，有光泽，绿色，向阳处转变成红色，冬芽圆锥形，常簇生，中间为叶芽，两侧为花芽。

【习　性】

喜阳光充足、通风良好的环境，耐干旱、高温和严寒，不耐阴，忌水涝。适宜在疏松肥沃、排水良好的中性至微酸性土壤中生长。

【观赏及园林用途】

菊花桃植株不大，株型紧凑，开花繁茂，花型奇特，色彩鲜艳，观赏价值高，可用于行道树栽植，也可栽植于广场、草坪庭院以及其他园林场所。菊花桃可盆栽观赏或制作盆景，还可剪下花枝瓶插观赏。

【主色调】

粉白（花）。

CMYK值：21.57.0.0

京舞子

Prunus 'Kyoumaiko'

【科属形态】

　　蔷薇科李属。小枝细而多，直枝型叶绿色，卵状披针形。花形如菊花桃，紫红色，着花中等。花期4月中旬。

【习　性】

　　喜光，喜温和，具有一定耐寒性，忌燥热，怕湿涝。

【观赏及园林用途】

　　本品种花型奇特，花朵繁茂，适宜在园林中做点缀栽植或成片栽植。

【主色调】

　　红色（花）。

　　■ CMYK值：1.97.28.0

七叶树

Aesculus chinensis Bunge

【科属形态】

　　无患子科七叶树属，落叶乔木，高达25 m。树皮深褐色或灰褐色，小枝圆柱形，黄褐色或灰褐色，无毛或嫩时有微柔毛，有圆形或椭圆形淡黄色的皮孔。冬芽大形，有树脂。掌状复叶，由5～7小叶组成，叶柄长10～12 cm，有灰色微柔毛；小叶纸质，长圆披针形至长圆倒披针形。

【习　　性】

　　喜光，稍耐阴；喜温暖气候，也能耐寒；喜深厚、肥沃、湿润而排水良好的土壤。深根性，萌芽力强；生长速度中等偏慢，寿命长。七叶树在炎热的夏季叶子易遭日灼。

【观赏及园林用途】

　　七叶树树形优美花大秀丽，果形奇特，是观叶、观花、观果不可多得的树种，为世界著名的观赏树种之一。

【主色调】

　　红褐色。

　　　　　CMYK值：35.72.99.35

琼花

Viburnum macrocephalum f. keteleeri

【科属形态】

五福花科荚蒾属。聚伞花序仅周围具大型的不孕花，花冠直径3～4.2 cm，裂片倒卵形或近圆形，顶端常凹缺；可孕花的萼齿卵形，长约1 mm，花冠白色，辐状，裂片宽卵形，雄蕊稍高出花冠，花药近圆形。果实红色而后变黑色，椭圆形；核扁，矩圆形至宽椭圆形，有2条浅背沟和3条浅腹沟。

【习　性】

喜温暖、湿润、阳光充足的气候，喜光，稍耐阴，较耐寒，不耐干旱和积水。喜湿润、肥沃、排水良好的沙质壤土。

【观赏及园林用途】

树姿优美，花形奇特，宛若群蝶起舞，惹人喜爱，秋季累累圆果，红艳夺目，为传统名贵花木。适宜配植于堂前、亭际、墙下和窗外等处。

【主色调】

白色（花）。

CMYK值：3.1.12.0

凝霞紫叶桃

Amygdaluspersica 'Ningxia Zi Ye'

【科属形态】

蔷薇科桃属。树形为直枝形，花为梅花形，紫色、粉色花瓣；花药橘黄色，花丝粉色；萼片10枚，红褐色；叶紫色；小枝紫色。

【习　性】

喜光，耐寒，耐旱，较耐盐碱，忌水湿。

【观赏及园林用途】

一朵花中有粉色、紫色两种颜色，园林观赏价值极高。

【主色调】

粉色、紫色（花）。

CMYK值：15.100.45.1

CMYK值：11.19.9.0

粉花山碧桃

Amygdaluspersica 'Fenhua shanbitao'

【科属形态】

　　蔷薇科桃属，山桃和桃的杂交品种。枝、叶、芽、花具有山桃和桃的双重特征，树形高大，树皮光滑，小枝细长，无毛。雌蕊早期枯萎或无雌蕊。

【习　性】

　　喜光，耐寒，耐旱，较耐盐碱，忌水湿。

【观赏及园林用途】

　　观赏价值高，可用于庭院及行道树栽植。

【主色调】

　　粉色（花）。

　　CMYK值：14.40.0.0

云南红豆杉

Taxusyunnanensis

【科属形态】

红豆杉科红豆杉属，乔木或大灌木。一年生枝绿色，干后呈淡褐黄色、金黄色或淡褐色，两年、三年生枝淡褐色或红褐色；冬芽卵圆形，基部芽鳞的背部具脊，先端急尖。叶条形。

【习　性】

产于西藏南部海拔2000～3500 m的地带。阿富汗至喜马拉雅山区东段也有分布。为典型的阴性树种，喜湿润气候，生长周期长，开花结果在生长30～40年之后。

【观赏及园林用途】

木材心边材区别明显，纹理均匀，结构细致，硬度大，韧性强，干后少挠裂。可孤植或片植，可观形、观枝等。

【主色调】

绿色。

CMYK值：58.20.100.3

海桐

Pittosporum tobira

【科属形态】

海桐科海桐花属，常绿灌木或小乔木，高达6 m。嫩枝被褐色柔毛，有皮孔。叶聚生于枝顶，两年生，革质；伞形花序或伞房状伞形花序顶生或近顶生，花白色，有芳香，后变黄色；蒴果圆球形，有棱或呈三角形，直径12 mm；花期3—5月，果熟期9—10月。

【习　性】

对气候的适应性较强，能耐寒冷，亦颇耐暑热。黄河流域以南，可在露地安全越冬。对土壤的适应性强，在黏土、沙土及轻盐碱土中均能正常生长。对二氧化硫、氟化氢、氯气等有毒气体抗性强。

【观赏及园林用途】

海桐枝叶繁茂，树冠球形，下枝覆地；叶色浓绿而有光泽，经冬不凋，初夏花朵清丽芳香，入秋果实开裂露出红色种子，也颇为美观。

【主色调】

淡黄色（花）。

CMYK值：4.0.39.0

红花檵木

Loropetalum chinense

【科属形态】

　　金缕梅科檵木属，檵木的变种，常绿灌木或小乔木。树皮暗灰或浅灰褐色，多分枝。嫩枝红褐色，密被星状毛。叶革质互生，卵圆形或椭圆形，先端短尖，基部圆而偏斜，不对称，两面均有星状毛，全缘，暗红色。花瓣4枚，紫红色，线形，长1～2 cm，花3～8朵簇生于小枝端，总梗上呈顶生头状花序。花期4—5月，花期长，30～40 d，国庆节能再次开花。

【习　性】

　　喜光，稍耐阴，但阴时叶色容易变绿。适应性强，耐旱。喜温暖，耐寒冷。萌芽力和发枝力强，耐修剪。耐瘠薄，但适宜在肥沃、湿润的微酸性土壤中生长。

【观赏及园林用途】

　　红花檵木枝繁叶茂，姿态优美，耐修剪，耐蟠扎，可用于绿篱，也可用于制作树桩盆景，花开时节，满树红花，极为壮观。

【主色调】

　　紫红色（花）。

　　CMYK值：15.56.0.0

重瓣垂丝海棠

Malushalliana 'Parkmanii'

【科属形态】

蔷薇科苹果属，落叶小乔木，高达5 m，树冠开展。叶片卵形或椭圆形至长椭卵形，伞房花序，具花4～6朵，花梗细弱下垂，有稀疏柔毛，紫色；萼筒外面无毛，萼片三角卵形；果实梨形或倒卵形，略带紫色，成熟很迟，萼片脱落。花期3—4月，果期9—10月。

【习　性】

垂丝海棠性喜阳光，不耐阴，也不甚耐寒，喜温暖湿润环境，适生于阳光充足、背风之处。对土壤要求不严，微酸或微碱性土壤均可成长，但在土层深厚、疏松、肥沃、排水良好略黏质的土壤中生长更好。

【观赏及园林用途】

重瓣垂丝海棠不仅花色艳丽，其果实亦可观。至秋季果实成熟，红黄相映高悬枝间。每当冬末春初，庭园中有几株挂满红色小果的海棠，为园林冬景增色。

【主色调】

粉色（花）。

CMYK值：14.43.17.0

二色桃

Amygdaluspersica 'Erse Tao'

【科属形态】

　　蔷薇科桃属。一枝上的花有粉、紫红两色，单花上同花瓣产生渐变色。淡粉色上有粉红色跳枝；花蕾球形，花瓣卵形，复瓣，月季型、花药橘红色；雌蕊与雄蕊近等长；着花中密；萼片红褐色，两轮，花丝和花萼均有瓣化现象。

【习　性】

　　喜光，喜沙质土壤，不耐水湿。

【观赏及园林用途】

　　观赏价值高，可用于庭院及行道树栽植。

【主色调】

　　粉色、紫红色（花）。

　　■　CMYK值：16.100.69.4

　　■　CMYK值：15.46.18.0

榆 树

Ulmus pumila

【科属形态】

榆科榆属，落叶乔木，高达25 m，胸径1m，在干瘠之地长成灌木状；幼树树皮平滑，灰褐色或浅灰色，大树皮暗灰色，不规则深纵裂，粗糙；小枝无毛或有毛，淡黄灰色、淡褐灰色或灰色、稀淡褐黄色或黄色，有散生皮孔，无膨大的木栓层及凸起的木栓翅；冬芽近球形或卵圆形，芽鳞背面无毛，内层芽鳞的边缘具白色长柔毛。

【习　性】

阳性树，生长快，根系发达，适应性强，能耐干冷气候及中度盐碱，但不耐水湿（能耐雨季水涝）。在土层深厚、肥沃、排水良好的冲积土及黄土高原生长良好。

【观赏及园林用途】

可用作西北荒漠，华北及淮北平原、丘陵，东北荒山、砂地，滨海盐碱地的造林或"四旁"绿化树种。

【主色调】

绿色。

CMYK值：44.20.100.1

榔榆

Ulmus parvifolia.

【科属形态】

榆科榆属，落叶乔木，高达25 m，胸径可达1 m。冬季叶变为黄色或红色，宿存至第二年新叶开放后脱落；树冠广圆形，树干基部有时成板状根，树皮灰色或灰褐，裂成不规则鳞状薄片剥落，露出红褐色内皮，近平滑，微凹凸不平；当年生枝密被短柔毛，深褐色。

【习　性】

喜光，耐干旱，在酸性、中性及碱性土上均能生长，但以气候温暖、土壤肥沃、排水良好的中性土壤为最适宜的生境。

【观赏及园林用途】

边材淡褐色或黄色，心材灰褐色或黄褐色，材质坚韧，纹理直，耐水湿，可供家具、车辆、船舶、器具、农具、油榨、船橹等用材。树皮纤维纯细，杂质少，可作为蜡纸及人造棉原料，或织麻袋、编绳索，亦可供药用。可选作造林树种。

【主色调】

绿色。

CMYK值：53.50.100.34

紫叶桃

Amygdaluspersica 'Zi Ye Tao'

【科属形态】

蔷薇科桃属，基本形态特征与桃树相似。嫩叶紫红色；花色有红色、粉红色，后渐变为紫色或近绿色，花有单瓣、重瓣；果实小，无食用价值。

【习　性】

喜光，喜排水良好的土壤，耐旱，怕涝。淹水3~4天就会落叶，甚至死亡；喜富含腐殖质的沙壤土及壤土，在黏重土壤中易发生流胶病。

【观赏及园林用途】

景观用途，紫叶桃主要用于绿化工程方面，比如小区内、道路两旁、私人花园等。

【主色调】

紫色（花）。

■ CMYK值：44.92.62.60

垂柳

Salix babylonica

【科属形态】

　　杨柳科柳属，乔木，高达12～18 m，树冠开展而疏散。树皮灰黑色，不规则开裂；枝细，下垂，淡褐黄色、淡褐色或带紫色，无毛。芽线形，先端急尖。叶狭披针形或线状披针形，先端长渐尖，基部楔形，两面无毛或微有毛，上面绿色，下面色较淡，锯齿缘；托叶仅生在萌发枝上，斜披针形或卵圆形，边缘有齿牙。

【习　性】

　　耐水湿，也能生于干旱处。

【观赏及园林用途】

　　多用插条繁殖。为优美的绿化树种，植于道旁、水边等。

【主色调】

　　绿色。

　　　CMYK值：52.32.100.11

江梅

Armeniacamume.simpliciflora

【科属形态】

蔷薇科梅属，小乔木，稀灌木，高4～10 m。树皮浅灰色或带绿色，平滑；小枝绿色，光滑无毛。叶片卵形或椭圆形，先端尾尖，基部宽楔形至圆形，叶边常具小锐锯齿，灰绿色，幼嫩时两面被短柔毛，成长时逐渐脱落，或仅下面脉腋间具短柔毛；叶柄幼时具毛，老时脱落，常有腺体。花单生或有时2朵同生于1芽内，香味浓，先于叶开放；花梗短，常无毛；花萼通常红褐色。

【习　性】

常在山涧、水滨、荒寒清绝之处生长。

【观赏及园林用途】

江梅在园林、绿地、庭园、风景区均可种植，也可在屋前、坡上、石际、路边自然配植。江梅花具浓香，花期早，冰清玉洁，纯贞高雅，是冬春季观赏的重要花卉。有的江梅品种花瓣较小而花丝较长，可形成长须的优美花型。

【主色调】

白色（花）。

CMYK值：3.2.2.0

美人梅

Prunus × blireana 'Meiren'

【科属形态】

蔷薇科李属，园艺杂交种，由重瓣粉型梅花与红叶李杂交而成。落叶小乔木。叶片卵圆形、卵状椭圆形，紫红色。花粉红色，重瓣花，着花繁密，1～2朵着生于长、中及短花枝上，先花后叶，花期春季，花叶同放；萼筒宽钟状，近圆形至扁圆，自然花期3—4月。

【习　性】

美人梅抗寒性强。属阳性树种，在阳光充足的地方生长健壮，开花繁茂。抗旱性较强，喜空气湿度大，不耐水涝。对土壤要求不严。

【观赏及园林用途】

花态近蝶形，瓣层层疏叠，瓣边起伏飞舞，花心常有碎瓣，婆娑多姿，极具观赏价值。

【主色调】

粉色（花）。

CMYK值：31.66.1.0

朱砂梅

Armeniacamume. purpurea

【科属形态】

　　蔷薇科梅属，俗称骨里红，为真梅系直脚梅类，枝条直伸或斜展，不下垂成拱形也不弯曲。

【习　　性】

　　朱砂梅耐寒性稍差，繁殖亦较难，属中晚梅，花期2月底至3月初。

【观赏及园林用途】

　　树姿古朴，花素雅秀丽，最宜植于庭院、草坪、低山丘陵，可孤植、丛植及群植。传统的用法常以松、竹、梅为"岁寒三友"而配植景色。

【主色调】

　　紫红色（花）。

　　CMYK值：54.100.8.1

宫粉梅

Armeniacamume. alphandii

【科属形态】

蔷薇科梅属，梅花品系中真梅系直枝梅类宫粉型，其花复瓣至重瓣，呈或深或浅的红色。

【习　性】

喜阳光温暖而略潮湿的气候，有一定耐寒力，较耐瘠薄。

【观赏及园林用途】

园林用途与朱砂梅相似，宜于在公园、庭院种植，主要用于观花。

【主色调】

粉色（花）。

CMYK值：9.21.1.0

紫叶矮樱

Prunus × cistena

【科属形态】

蔷薇科李属，落叶灌木或小乔木，为紫叶李和矮樱杂交种，高可达2.5 m左右。枝条幼时紫褐色，老枝有皮孔；叶片长卵形或卵状长椭圆形，叶面红色或紫色，背面色彩更红；花单生，中等偏小，淡粉红色，花微香，4—5月开花。

【习　性】

喜光树种，但也耐寒、耐阴。在光照不足处种植，其叶色会泛绿，因此应将其种植于光照充足处。对土壤要求不严格，但在肥沃深厚、排水良好的中性、微酸性沙壤土中生长最好，轻黏土亦可。

【观赏及园林用途】

紫叶矮樱观赏效果好，生长快，繁殖简便，耐修剪，适应性强。一般采用嫁接和扦插繁殖。其萌蘖力强，在园林栽培中易培养成球或绿篱。

【主色调】

粉白色（花）。

CMYK值：2.14.0.0

榆叶梅

Amygdalus triloba

【科属形态】

又叫小桃红，因其叶片像榆树叶，花朵酷似梅花而得名。蔷薇科桃属，灌木、稀小乔木，高2～3 m。枝条开展，具多数短小枝；小枝灰色，一年生枝灰褐色，无毛或幼时微被短柔毛；冬芽短小，长2～3 mm。

【习　性】

喜光，稍耐阴，耐寒，能在−35℃下越冬。对土壤要求不严，以中性至微碱性而肥沃的土壤为佳。根系发达，耐旱力强。不耐涝。抗病力强。生于低至中海拔的坡地或沟旁乔木、灌木林下或林缘。

【观赏及园林用途】

榆叶梅在中国已有数百年栽培历史，全国各地多数公园内均有栽植。本种开花早，主要供观赏。

【主色调】

粉红色（花）。

CMYK值：5.11.0.0

红叶榆叶梅

Amygdalus triloba

【科属形态】

也叫加佳榆叶梅、贵夫人。蔷薇科桃属，灌木、稀小乔木，高 2～3 m；枝条开展，具多数短小枝；小枝灰色，一年生枝灰褐色，无毛或幼时微被短柔毛；冬芽短小，长2～3 mm。同榆叶梅科属特征基本一致。

【习　性】

喜光，稍耐阴，耐寒，能在−35℃下越冬。对土壤要求不严，以中性至微碱性而肥沃的土壤为佳。根系发达，耐旱力强。不耐涝。抗病力强。生于低至中海拔的坡地或沟旁乔木、灌木林下或林缘。

【观赏及园林用途】

因其色彩艳丽，全国各地多数公园内均有栽植。本种开花早，主要供观赏，可片植。

【主色调】

粉红色（花）。

CMYK值：20.39.0.0

北美海棠
Malus 'American'

【科属形态】

　　蔷薇科苹果属，落叶小乔木。株高可达7 m，呈圆丘状，或整株直立呈垂枝状；分枝多变，互生直立悬垂等无弯曲，树干有光泽；花量大，花色多，有白色、粉色、红色、鲜红色，多有香气；花萼红、黄或橙色；花期为4月上旬，5月长出的新叶色彩艳丽；果实扁球形，7—8月为果期，宿存果的观赏期可一直持续到翌年3—4月。

【习　　性】

　　北美海棠原产于北美地区，中国各地均可引种栽培。北美海棠抗性强，耐寒、耐瘠薄土壤。

【观赏及园林用途】

　　北美海棠观赏价值高，花色、叶色、果色和枝条色彩丰富，是较好的观赏园林树种。

【主色调】

　　红色（花）。

　　　　　CMYK值：30.93.0.0

杜梨

Pyrus betulifolia

【科属形态】

蔷薇科梨属，落叶乔木。株高10 m，枝具刺，两年生枝条紫褐色。叶片菱状卵形至长圆卵形，幼叶上下两面均密被灰白色绒毛；叶柄被灰白色绒毛；托叶早落。伞形总状花序，有花10～15朵，花梗被灰白色绒毛，苞片膜质，线形，花瓣白色，雄蕊花药紫色，花柱具毛。果实近球形，褐色，有淡色斑点。花期4月，果期8—9月。

【习　性】

适生性强，喜光，耐寒，耐旱，耐涝，耐瘠薄土壤，在中性土及盐碱土均能正常生长。

【观赏及园林用途】

杜梨不仅生性强健，对水肥要求也不严，其树形优美，花色洁白，可用作街道、庭院及公园的绿化树。

【主色调】

白色（花）。

CMYK值：8.0.1.0

藏南杜鹃

Rhododendron principis

【科属形态】

杜鹃科杜鹃属，常绿小乔木，高1～2.5 m。幼枝被白色或淡黄褐色绒毛，很快脱落，变为无毛。叶革质，长圆状椭圆形或长圆状倒卵形。顶生短总状伞形花序，有花8～12朵，总轴短；花冠漏斗状钟形，长2.5～3 cm，白色或粉红色，内面一侧具紫色斑点，基部被白色微柔毛，裂片5，近于圆形。蒴果圆柱形。花期5—6月，果期8月。

【习　　性】

产于高海拔地区，喜凉爽、湿润的气候，不耐酷热干燥。要求富含腐殖质、疏松、湿润及pH在5.5～6.5的酸性土壤。部分种及园艺品种的适应性较强，耐干旱、瘠薄，土壤pH在7～8也能生长。

【观赏及园林用途】

杜鹃枝繁叶茂，绮丽多姿，萌发力强，耐修剪，根桩奇特，是优良的盆景材料。园林中最宜在林缘、溪边、池畔及岩石旁成丛成片栽植，也可于疏林下散植，是花篱的良好材料，可经修剪培育成各种形态。花季绽放时，杜鹃总给人热闹而喧腾的感觉；而不是花季时，深绿色的叶片也很适合栽种在庭园中作为矮墙或屏障。

【主色调】

粉色（花）。

CMYK值：1.11.0.0

秋子梨

Pyrus ussuriensis

【科属形态】

　　蔷薇科梨属，乔木，高可达15 m。冬芽肥大，卵形，先端钝，鳞片边缘微具毛或近于无毛。叶片卵形至宽卵形，先端短渐尖，基部圆形或近心形。叶柄嫩时有绒毛，托叶线状披针形，先端渐尖，边缘具有腺齿。花序密集，花5～7朵，总花梗和花梗在幼嫩时被绒毛，苞片膜质，线状披针形，萼筒外面无毛或微具绒毛；萼片三角披针形，先端渐尖，边缘有腺齿；花瓣倒卵形或广卵形，白色；花药短于花瓣，紫色；花柱离生，果实近球形，黄色，萼片宿存，具短果梗，5月开花。

【习　性】

　　秋子梨抗寒力很强，适于生长在寒冷而干燥的山区；喜光，耐旱树种，对土壤要求不严，沙土、壤土、黏土都能栽培。

【观赏及园林用途】

　　株形优美，花洁白素雅，气味芳香，果实色泽艳丽，挂果期长，可用作园景树和庭荫树。

【主色调】

　　白色（花）。

　　█　CMYK值：1.1.4.0

竹芋

Maranta arundinacea

【科属形态】

竹芋科竹芋属，地上茎柔弱，二歧分枝，高达1 m；叶卵形，薄被毛：叶枕长0.5～1 cm，被长卵状披针形，长10～20 cm，宽4～10 cm，先端渐尖，基部圆，下面无毛或柔毛，叶舌圆形，叶柄短或无；根状茎肉质，横出，长3～10 cm；根簇生，粗2～4 mm；果长圆状，长约7mm。花期9—10月。

【习　性】

我国南方常见栽培；原产于美洲热带地区，现广植于各热带地。

【观赏及园林用途】

竹芋的枝叶生长茂密、株形丰满；叶面浓绿亮泽，叶背紫红色，形成鲜明的对比，是优良的室内喜阴观叶植物。用来布置卧室、客厅、办公室等场所，显得安静、庄重，可供较长期欣赏。在公共场所列放走廊两侧和室内花坛，翠绿光润，青葱宜人。

【主色调】

绿色。

CMYK值：86.26.81.11

八角金盘

Fatsia japonica

【科属形态】

五加科八角金盘属，常绿灌木或小乔木，高可达5 m。茎光滑无刺。叶柄长10~30 cm；叶片大，革质，近圆形，直径12~30 cm，掌状7~9深裂，裂片长椭圆状卵形，先端短渐尖，基部心形，边缘有疏离粗锯齿，上表面暗亮绿色，下面色较浅，有粒状突起，边缘有时呈金黄色；侧脉搏在两面隆起，网脉在下面稍显著。

【习　性】

喜温暖湿润的气候，耐阴，不耐干旱，有一定耐寒力。宜种植在排水良好和湿润的沙质壤土中。

【观赏及园林用途】

八角金盘是优良的观叶植物。八角金盘四季常青，叶片硕大，叶形优美，浓绿光亮，是深受欢迎的室内观叶植物。适应室内弱光环境，为宾馆、饭店、写字楼和家庭美化常用的植物材料，或做室内花坛的衬底。叶片又是插花的良好配材。适宜配植于庭院、门旁、窗边、墙隅及建筑物背阴处，也可点缀在溪流滴水之旁，还可成片群植于草坪边缘及林地。另外还可小盆栽供室内观赏。对二氧化硫抗性较强，适于厂矿区、街坊种植。

【主色调】

绿色。

CMYK值：41.0.73.0

芭蕉

Musa basjoo

【科属形态】

　　芭蕉科芭蕉属，植株高可达4 m。叶片长圆形，先端钝，叶面鲜绿色，有光泽；叶柄粗壮，花序顶生，下垂；苞片红褐色或紫色；雄花生于花序上部，雌花生于花序下部；离生花被片几与合生花被片等长，顶端具小尖头。浆果三棱状，长圆形，具棱，近无柄，肉质，内具多数种子。种子黑色，具疣突及不规则棱角。

【习　性】

　　芭蕉喜温暖、湿润的气候，生长温度15～35℃，适温为24～32℃，绝对最高温不宜超过40℃，绝对最低温不宜低于4℃。土壤要求，土层深厚、疏松肥沃、排水良好的土壤，而以沙壤土，pH值5.5～6.5最为适宜。

【观赏及园林用途】

　　芭蕉已经在园林中获得较高的地位，成为园林中重要的植物，并形成一定的园林种植规模和造景模式。可丛植于庭前屋后，或植于窗前院落，相映成趣，更加彰显芭蕉清雅秀丽之逸姿。芭蕉还常与其他植物搭配种植，组合成景。蕉竹配植是最为常见的组合，二者生长习性、地域分布、物色神韵颇为相近，有"双清"之称。芭蕉还可以做盆景。

【主色调】

　　绿色。

　　　CMYK值：66.14.100.2

藏合欢

Albizia sherriffii

【科属形态】

豆科合欢属。2回羽状复叶；总叶柄长2～3.5 cm，基部及第一对羽片着生处各具腺体1枚；叶轴长10～20 cm，被棕色绒毛；羽片8～16对，长5～10 cm，对生或近对生，几无柄；小叶13～27对，近镰状长圆形，长5～10 mm，宽1.5～3 mm，顶端急尖，基部截平，上面无毛，下面被短柔毛，中脉偏于上缘。总花梗长7～10cm，被棕色绒毛，距头状花序1cm处有1腺体。花期3月，果期9月。

【习 性】

喜光，耐干燥瘠薄。生于海拔1200～1800 m的密林中。

【观赏及园林用途】

合欢树的树形优美，叶形独特，树冠宽大，夏季浓荫蔽日，羽状的复叶昼开夜合，十分神奇，夏日开花，粉红色绒毛状，不仅外形好看，还能吐露阵阵芬芳，形成轻柔的气氛。非常适合作为庭院树、绿化树栽培。

【主色调】

白色（花）。

CMYK值：2.0.16.0

鹅掌藤

Schefflera arboricola

【科属形态】

　　五加科鹅掌柴属，藤状灌木。叶柄纤细，小叶片革质，倒卵状长圆形或长圆形，长6～10 cm，宽1.5～3.5 cm，先端急尖或钝形，稀短渐尖，基部渐狭或钝形，上面深绿色，有光泽，下面灰绿色，两面均无毛，边缘全缘，中脉仅在下面隆起，侧脉4～6对，和稠密的网脉在两面微隆起；小叶柄有狭沟，长1.5～3 cm，无毛。圆锥花序顶生，花白色，花期7月。果实卵形，果期8月。

【习　性】

　　喜温暖、湿润气候，耐阴，耐寒，不耐干旱。生于海拔400～900 m的谷地密林下或溪边较湿润处，常附生于树上。

【观赏及园林用途】

　　鹅掌藤是常见的园艺观叶植物，经改良后有斑叶鹅掌藤，高可超过3m，故可用作庭院树。虽是阳性植物，但因适阴性强，所以被推广为盆栽使用。

【主色调】

　　黄绿色。

　　CMYK值：30.0.77.0

番木瓜

Carica papaya

【科属形态】

番木瓜科番木瓜属，常绿软木质小乔木，高达8～10 m，具乳汁。茎不分枝或有时于损伤处分枝，具螺旋状排列的托叶痕。叶大，聚生于茎顶端，近盾形，直径可达60 cm，通常5～9深裂，每裂片再为羽状分裂；叶柄中空，长达60～100 cm。花单性或两性，有些品种在雄株上偶尔产生两性花或雌花，并结成果实，亦有时在雌株上出现少数雄花。植株有雄株、雌株和两性株。

【习　性】

喜炎热及光照，不耐寒，遇霜即凋。根系浅，怕大风，忌积水。对土壤的适应性较强，以肥沃、疏松的沙质壤土生长最好。

【观赏及园林用途】

番木瓜果实香甜可食，在我国南方作为果树和庭园树栽培。可于庭前、窗际或住宅周围栽植。

【主色调】

绿色。

CMYK值：69.4.79.0

盖裂木

Talauma hodgsonii

【科属形态】

　　木兰科盖裂木属，乔木，高达15 m。小枝带苍白色，无毛。叶革质，倒卵状长圆形，长20～50 cm，宽10～13 cm，先端钝或渐尖，基部渐狭楔形，侧脉每边10～20条；叶柄长5～6 cm，托叶痕几达叶柄顶端。花梗粗壮，长1.5～2 cm，直径约1.5cm，具1～2苞片脱落痕，佛焰苞状苞片紫色；花被片9，厚肉质，外轮3片卵形，长约9cm，背面草绿色，中轮与内轮乳白色，内轮较小。聚合果卵圆形，长13～15 cm；成熟蓇葖40～80枚，狭椭圆体形或卵圆形，长2.5～4 cm，顶端具长尖。花期4—5月，果期8月。

【习　性】

　　生长适温18～28℃。喜肥沃、湿润及土层深厚的壤土。喜湿润。

【观赏及园林用途】

　　树形优美，花色鲜艳，为传统的绿化及庭院栽培植物。

【主色调】

　　红色（花）、绿色（叶）。

　　██ CMYK值：21.28.21.0　　██ CMYK值：86.28.100.18

工布小檗

Berberis kongboensis

【科属形态】

小檗科小檗属，常绿灌木或小乔木，高可达5 m。茎光滑无刺。叶柄长10～30 cm；叶片大，革质，近圆形，直径12～30 cm，掌状7～9深裂，裂片长椭圆状卵形，先端短渐尖，基部心形，边缘有疏离粗锯齿，上表面暗亮绿色，下面色较浅，有粒状突起，边缘有时呈金黄色；侧脉搏在两面隆起，网脉在下面稍显著。花期5月，果期6—8月。

【习　性】

国内产地为西藏，生长在2680～3200 m，生境为林下或杜鹃林下。

【观赏及园林用途】

适宜配植于庭院、门旁、窗边、墙隅及建筑物背阴处，也可点缀在溪流滴水之旁，还可成片群植于草坪边缘及林地。另外还可小盆栽供室内观赏。对二氧化硫抗性较强，适于厂矿区、街坊种植。

【主色调】

黄色（中黄）。

CMYK值：14.0.94.0

海南粗榧 *Cephalotaxus mannii*

【科属形态】

红豆杉科三尖杉属，小乔木，高达8 m。叶排成两列，披针状条形，通常直伸，稀微弯，长3~4 cm，宽2.5~4 mm，下部稍宽，上部渐窄，先端渐尖，基部近圆形，上面深绿色，中脉隆起，下面中脉微明显，两侧淡绿色，新鲜时微具白粉，干后易脱落。雄球花6~8聚生成头状，径约6 mm，总梗细，长约5 mm，基部及总梗上有10多枚苞片，每一雄球花基部有1枚三角状卵形的苞片，雄蕊7~13枚，各有3~4个花药，花丝短。种子倒卵圆形，长约3 cm。花期2—3月，种子8—10月成熟。

【习　性】

海南粗榧为典型的耐阴湿，不耐干旱瘠薄，喜土壤肥力高的树种，通常散生于海拔700~1200 m的山地雨林或季雨林区。

【观赏及园林用途】

可用作庭园树种。

【主色调】

墨绿色。

CMYK值：88.43.96.51

黑荆

Acacia mearnsii

【科属形态】

豆科金合欢属，乔木，高9~15 m。小枝有棱，被灰白色短绒毛。2回羽状复叶，嫩叶被金黄色短绒毛，成长叶被灰色短柔毛；羽片8~20对，长2~7 cm，每对羽片着生处附近及叶轴的其他部位都具有腺体；头状花序圆球形，直径6~7 mm，在叶腋排成总状花序或在枝顶排成圆锥花序；花淡黄或白色。荚果长圆形，扁压，长5~10 cm，宽4~5 mm，于种子间略收窄，被短柔毛，老时黑色；种子卵圆形，黑色，有光泽。花期6月，果期8月。

【习　性】

黑荆树是强阳性树种，适宜于冬无严寒、夏无酷热的湿润气候区栽培。

【观赏及园林用途】

黑荆是速生树种，且根系发达，具根瘤。因其花色为白色，片植景观效果较好。是很好的绿化树种，可用于观花、观叶。

【主色调】

白色（花）。

CMYK值：12.2.13.0

红叶红花檵木

Loropetalum chinense

【科属形态】

金缕梅科檵木属，灌木，有时为小乔木。蒴果褐色，近卵形。花期4—5月，花期长，30～40天，多分枝，小枝有星毛。叶革质，卵形，花3～8朵簇生，有短花梗，紫红色，比新叶先开放，或与嫩叶同时开放。

【习　性】

喜光，稍耐阴，但阴时叶色容易变绿。适应性强，耐旱。喜温暖，耐寒冷。萌芽力和发枝力强，耐修剪。耐瘠薄，但适宜在肥沃、湿润的微酸性土壤中生长。

【观赏及园林用途】

红叶红花檵木枝繁叶茂，姿态优美，耐修剪，耐蟠扎，可用于绿篱，也可用于制作树桩盆景，花开时节，满树红花，极为壮观。红叶红花檵木为常绿植物，新叶鲜红色，不同株系成熟时叶色、花色各不相同，叶片大小也有不同，在园林应用中主要考虑叶色及叶的大小两方面因素带来的不同效果。

【主色调】

紫红色。

CMYK值：70.85.27.11

厚果崖豆藤

Millettia pachycarpa

【科属形态】

豆科崖豆藤属，巨大藤本，长达15 m。幼年时直立如小乔木状。嫩枝褐色，密被黄色绒毛，后渐秃净，老枝黑色，光滑，散布褐色皮孔，茎中空。羽状复叶长30～50 cm；叶柄长7～9 cm；托叶阔卵形，黑褐色。总状圆锥花序，2～6枝生于新枝下部，长15～30 cm，密被褐色绒毛。荚果深褐黄色，肿胀，长圆形，单粒种子卵形。

【习　性】

生长环境为山坡常绿阔叶林内，海拔2000 m。国内产地主要有浙江（南部）、福建、台湾、湖南、广东、广西、四川、贵州、云南、西藏。

【观赏及园林用途】

可用作道路景观树种。

【主色调】

黄绿色（叶）、粉色（花）。

CMYK值：47.32.100.9

CMYK值：23.40.3.0

黄花风铃木

Musa basjoo

【科属形态】

紫葳科风铃木属，落叶乔木，高4～5 m。树皮有深刻裂纹，茎干枝条轻软、纤细，纹路清晰；叶对生，纸质有疏锯齿，掌状复叶，柄长。圆锥花序，顶生，花两性；萼筒管状，不规则开裂，花冠金黄色，漏斗形。果实为蓇葖果，长条形向下开裂，长18～25 cm。

【习　性】

黄花风铃木性喜高温，生长适温23～30℃，最低温度5℃，在中国仅适合热带、亚热带地区栽培。

【观赏及园林用途】

黄花风铃木四季变化明显，春华、夏实、秋绿、冬枯，赋予季节以色彩。春天风铃状黄花花团锦簇，是春天来临时的指标花卉；夏天萌生的嫩芽满枝桠，接着是翅果纷飞；秋天枝叶繁茂，葱葱郁郁的绿色；冬天枝枯叶落，满是沧桑。

【主色调】

黄色（花）。

CMYK值：16.0.95.0

鸡冠刺桐

Erythrina crista-galli

【科属形态】

豆科刺桐属，落叶小乔木，株高2~4 m。叶长卵形，羽状复叶，奇数，1回，小叶1~2对卵形，羽状侧脉；3出复叶，革质。花期4 7月，腋生，总状花序，花冠橙红色，旗瓣倒卵形特化成匙状，与龙骨瓣等长，宽而直立，翼瓣发育不完全，余瓣几成一束，雄蕊花药黄色，裸露。荚果长10~30 cm，内有种子3~6枚。

【习　性】

喜光，喜湿润气候，适应性强，耐干旱，很耐寒，抗风，抗大气污染，栽培不择土壤，植于全日照或半日照之地均能生长迅速。

【观赏及园林用途】

树形较小，开花能诱蝶、诱鸟，适宜用作行道树、远景树。在庭园、校园、公园、游乐区、庙宇等处，单植、列植、群植美化。

【主色调】

绿色。

CMYK值：86.32.81.20

夹竹桃

Nerium indicum

【科属形态】

夹竹桃科夹竹桃属，常绿灌木，高可达6 m，多分枝。树皮灰色，光滑，嫩枝绿色。3叶轮生，叶革质，窄披针形，先端锐尖，基部楔形。边缘略内卷，中脉明显，侧脉纤细平行，与中脉成直角。6—10月花开不断，聚伞花序顶生，红色或白色，有重瓣和单瓣之分。果矩圆形，种子顶端具黄褐色种毛。

【习　性】

喜光，耐半阴。喜温暖湿润，畏严寒。能耐一定的大气干旱，忌水涝。生命力强，对土壤的要求不严。对二氧化硫、氯气等有害气体的抵抗力强。

【观赏及园林用途】

夹竹桃绿影凝翠，终年常绿，并自春末至秋初百花俱畏的赤日酷暑之下花簇若锦，长开不败，因而被称为"春至芳香能共远，秋来花叶不同浅"。是林缘、墙边、河旁及工厂绿化的良好观赏树种。

【主色调】

绿色。

CMYK值：71.11.100.1

劲直刺桐

Erythrina stricta

【科属形态】

豆科刺桐属，乔木。小枝具短圆锥形浅褐色或带白色的皮刺。羽状复叶具3小叶；托叶狭镰刀状；叶柄很少具皮刺；顶生小叶宽三角形或近菱形，先端尖，基部截形或近心形，全缘，两面无毛。花3朵一束，鲜红色，多数，密集；花萼佛焰苞状，不分裂或先端稍2裂；荚果光滑，完全能育。

【习　性】

劲直刺桐生长于平坝村旁和河流、山坡上的森林中，在干燥和潮湿的森林中都有发现，但只有在开阔地区才能繁殖。中国分布区海拔约1400 m。

【观赏及园林用途】

花美丽，可栽作观赏树木。

【主色调】

深红色（花）。

CMYK值：25.100.100.21

六月雪

Serissa japonica

【科属形态】

　　茜草科六月雪属，落叶或半常绿灌木，多分枝。叶对生，狭椭圆形或狭椭圆状倒披针形，先端有小突尖，基部渐狭成柄，薄革质，叶面和叶柄均具白色微毛，托叶宿存。5—11月花开不断，以5月为最盛，花小，白色，微带红晕。

【习　性】

　　喜阴，能耐半阴。喜温暖、湿润环境，不甚耐寒。耐干旱，耐贫瘠，喜排水良好、肥沃湿润的土壤。适应性强，萌芽、萌蘖力均强，耐修剪。

【观赏及园林用途】

　　初夏开花繁花点点，一片白色，并至深秋开花不断，适应能力强，可群植或丛植于林下、河边或墙旁。也可做花径配植，还是盆栽观赏的好材料。

【主色调】

　　绿色（叶）、白色（花）。

　　　　　CMYK值：6.0.3.0　　　　　CMYK值：87.23.100.11

芦苇

Phragmites australis

【科属形态】

禾本科芦苇属，多年生草本植物。具粗壮根状茎，株高1~3 m。圆锥花序长10~40 cm，稍下垂。外稃基盘具长6~12 mm的柔毛。夏末秋初抽穗，陆续开花。

【习　性】

适应各类土壤，耐盐碱，又耐酸，且抗涝。

【观赏及园林用途】

芦苇花序雄伟美观，常用作湖边、河岸低湿处的背景材料，有利固堤、护坡、控制杂草的作用。

【主色调】

暗红色（花）。

CMYK值：50.70.59.41

络 石

Trachelospermum jasminoides

【科属形态】

夹竹桃科络石属，常绿木质藤本，长达10 m，具乳汁。茎赤褐色，圆柱形，有皮孔；小枝被黄色柔毛，老时渐无毛。叶革质或近革质，椭圆形至卵状椭圆形或宽倒卵形，长2～10 cm，宽1～4.5 cm，顶端锐尖至渐尖或钝，有时微凹或有小凸尖，基部渐狭至钝，叶面无毛，叶背被疏短柔毛，老渐无毛；叶面中脉微凹，侧脉扁平，叶背中脉凸起，侧脉每边6～12条，扁平或稍凸起；叶柄短，被短柔毛，老渐无毛；叶柄内和叶腋外腺体钻形，长约1 mm。

【习　性】

络石适应性极强，对土壤要求不严。喜光，稍耐阴，耐旱，耐水淹能力很强，耐寒性强，低温可达－23℃的地方，仍能健壮生长。

【观赏及园林用途】

络石四季常青，花皓洁如雪，幽香袭人。可植于庭园、公园，院墙、石柱、亭、廊、陡壁等攀附点缀，十分美观。因其茎触地后易生根，耐阴性好，所以也是理想的地被植物，可做疏林草地的林间、林缘地被。

【主色调】

白色（花）。

CMYK值：4.2.3.0

美丽异木棉

Ceiba speciosa

【科属形态】

木棉科吉贝属，落叶乔木。高12～18 m，树冠呈伞形，叶色青翠，树干下部膨大，呈酒瓶状，树皮绿色，密生圆锥状皮刺。叶互生，掌状复叶有小叶3～7片；小叶椭圆形，长7～14 cm。花单生，花冠淡粉红色，中心白色；花瓣5，反卷，花丝合生成雄蕊管，包围花柱。花期10—12月，冬季为盛花期。

【习　性】

美丽异木棉性喜光而稍耐阴，喜高温多湿气候，略耐旱瘠，忌积水，对土质要求不严，但以土层疏松、排水良好的沙壤土或冲积土为佳。抗风、速生、萌芽力强。

【观赏及园林用途】

美丽异木棉树干直立，主干有突刺，树冠层呈伞形，叶色青翠，成年树树干呈酒瓶状；冬季盛花期满树姹紫，秀色照人，人称"美人树"，是优良的观花乔木，是庭院绿化和美化的高级树种。

【主色调】

绿色。

CMYK值：78.24.100.10

榕树

Ficus microcarpa

【科属形态】

桑科榕属，大乔木，高达15~25 m，胸径达50 cm，冠幅广展。老树常有锈褐色气根。树皮深灰色。叶薄革质，狭椭圆形，表面深绿色，有光泽，全缘。榕果成对腋生或生于已落叶枝叶腋，成熟时黄或微红色，扁球形，基生苞片3，广卵形，宿存；雄花、雌花、瘿花同生于一榕果内，花间有少许短刚毛；花被片3，广卵形，花柱近侧生，柱头短，棒形。瘦果卵圆形。花期5—6月。

【习　性】

榕树的适应性强，喜疏松、肥沃的酸性土，在瘠薄的沙质土中也能生长，在碱土中叶片黄化。不耐旱，较耐水湿，短时间水涝不会烂根。

【观赏及园林用途】

在华南和西南等亚热带地区可用榕树来美化庭园，露地栽培，从树冠上垂挂下来的气生根能为园林环境创造出热带雨林的自然景观。大型盆栽植株通过造型可装饰厅、堂、馆、舍，也可在小型古典式园林中摆放；树桩盆景可用来布置家庭居室、办公室及茶室。

【主色调】

绿色。

CMYK值：80.36.100.28

三角梅

Bougainvillea spectabilis

【科属形态】

紫茉莉科叶子花属。茎粗壮,枝下垂,无毛或疏生柔毛;叶片纸质,卵形或卵状披针形;花顶生枝端的3个苞片内,花梗与苞片中脉贴生,每个苞片上生一朵花;苞片叶状,紫色或洋红色,长圆形或椭圆形,花柱侧生,线形,边缘扩展成薄片状,柱头尖;花盘基部合生呈环状,上部撕裂状。花期冬春间(广州、海南、昆明),北方温室栽培3—7月开花。

【习　性】

喜温暖湿润气候,不耐寒,喜充足光照。

【观赏及园林用途】

三角梅花苞片大,色彩鲜艳,且持续时间长,宜庭园种植或盆栽观赏。还可作盆景、绿篱及修剪造型。三角梅观赏价值很高,在中国南方用作围墙的攀缘花卉栽培。每逢新春佳节,绿叶衬托着鲜红色片,仿佛孔雀开屏,格外璀璨夺目。北方盆栽,置于门廊、庭院和厅堂入口处,十分醒目。

【主色调】

紫色(苞片)。

CMYK值:40.86.0.0

十大功劳

Musa basjoo

【科属形态】

　　小檗科十大功劳属，株高2 m。奇数羽状复叶，狭披针形，边缘具针状锯齿，秋后叶色转红，艳丽悦目。总状花序腋生，花黄色。浆果卵形，蓝黑色，外被白粉。花期8—10月。

【习　性】

　　喜温暖湿润气候，较耐寒，也耐阴。对土壤要求不严，但在湿润、排水良好、肥沃的沙质壤土生长最好。

【观赏及园林用途】

　　十大功劳枝叶苍劲，黄花成簇，是庭院花境、花篱的好材料。也可丛植、孤植或盆栽观赏。

【主色调】

　　绿色。

　　CMYK值：78.3.100.0

睡莲

Nymphaea tetragona

【科属形态】

　　睡莲科睡莲属，多年生浮叶型水生植物。根状茎粗短，有黑色细花。叶丛生，具细长叶柄，浮于水面，圆心形或肾圆形，纸质或近革质，长5~12 cm，宽3.5~9 cm，先端纯圆，基部具深弯缺，全缘，无毛，上面浓绿，幼叶有褐色斑纹，下面暗紫色。花单生于细长的花梗顶端，花瓣多数白色，漂浮于水，也有挺水而出的，直径3~6 cm。聚合果球形，种子多数，椭圆形，黑色。花期5—9月。

【习　性】

　　耐寒，喜强光和通风良好，在荫蔽之处生长时，虽也能开花，但长势较弱。喜高温水源，水池不宜过深，过深时水温低，不利于生长，生长所需的水深应不超过80 cm。喜肥，对土壤的要求不严，但喜富含有机质的壤土。

【观赏及园林用途】

　　每逢夏季，在池面上漂浮着一张张马蹄形的翠盖，碧如玉盘，柔软细长的叶梗和花梗可随水位高低而上下升降，硕大的花朵色彩娇艳，凌晨初开，中午怒放，夜晚闭合，所以有"睡美人"和"水中女神"的美称，为美丽的庭园水生观赏花卉。在水池中只需种上几丛，便可使景色清新秀丽，情趣盎然，秀色可人。

【主色调】

　　绿色。

　　　　　　CMYK值：70.11.51.0

桫椤

Alsophila spinulosa

【科属形态】

桫椤科桫椤属，木本树形蕨类植物。茎直立，高1～6 m。叶螺旋状排列于茎顶端；茎端和拳卷叶以及叶柄的基部密被鳞片和糠秕状鳞毛，鳞片暗棕色，有光泽，狭披针形，先端呈褐棕色刚毛状，两侧具窄而色淡的啮蚀状薄边；孢子囊群着生侧脉分叉处，靠近中脉，有隔丝，囊托突起，囊群盖球形，膜质。

【习　性】

桫椤喜生长在山沟的潮湿坡地和溪边阳光充足的地方，常数十株或成百株构成优势群落，亦有散生在林缘灌丛之中。

【观赏及园林用途】

桫椤株形美观别致，是著名的大型阴生观叶植物。常植于庭院阴湿处或荫棚下，也可盆栽欣赏。其茎干称蛇木，可用于栽种气生兰等。

【主色调】

绿色。

CMYK值：43.1.89.0

参考文献

［1］ 中国科学院植物研究所. 系统与进化植物学国家重点实验室——植物智［DB/OL］.

　　　 http：//www.iplant.cn.

［2］《中国植物志》编委会. 中国植物志［DB/OL］. http：//frps.eflora.cn.

［3］ *Flora of China*编委会.《中国植物志》英文修订版［DB/OL］. http：//foc.eflora.cn.

［4］ 杨宁，周学武. 墨脱植物［M］. 北京：中国林业出版社，2015.

［5］ 傅立国. 中国植物红皮书（第一册）［M］. 北京：科学出版社，1991.

［6］ 吴征镒. 西藏植物志（第二卷）［M］. 北京：科学出版社，1987.

附 录

附录A　自然界的观赏植物示例

（1）自然界植物千奇百态，丰富多彩，本身具有很高的观赏价值。

图A1　自然条件下乔木群落景观

图A2　自然景观与人工景观的结合

图A3　乔灌草搭配景观

图A4　乔灌草搭配成景

（2）植物的花朵具有极强的观赏性，色彩各异、香味芬芳，能够起到很好的装饰作用和美化作用。

图A5　丛植花卉与小灌木搭配成景

图A6　小型广场植物造景设计

图A7　小型广场植物造景设计

（3）园林植物配置有孤植、列植、片植、群植、混植多种方式，这样人们不仅欣赏到孤植树的风姿，也可欣赏到群植树的华美。

图A8　彩叶乔灌搭配成景

图A9　乔木群落与建筑、水景相得益彰（自然＋人工）

图A10　小型广场植物造景设计（红色系＋黄色系＋绿色系＋白色系）

（4）植物的色彩是重要的观赏对象。每当不同季节转换的时候，植物叶色变换，呈现出各种绚丽多姿的色彩，非常令人陶醉。

图A11　不同乔木搭配成景（红色系＋黄色系＋绿色系）

图A12　乔灌木搭配成景（红色系＋黄色系＋绿色系）

图A13　行道树景观（黄色系＋绿色系＋蓝色系）

图A14　彩叶植物景观搭配（红色系＋黄色系＋绿色系）

图A15　冬季雪景景观（红色系＋白色系＋蓝色系）

图A16　孤植乔木景观（白色系＋绿色系）

图A17　公园景观植物配置（绿色系＋黄色系＋红色系）

图A18　彩叶乔木搭配景观（红色系＋黄色系＋绿色系）

图A19 不同灌木搭配景观（红色系＋黄色系＋绿色系）

图A20 彩叶乔木搭配（红色系＋黄色系＋绿色系）

图A21　校园乔灌草搭配景观（黄色系＋白色系）

图A22　乔木群落与建筑景观（黄色系＋白色系）

图A23　孤植乔木与民居（黄色系＋白色系＋橙色系）

图A24　民居群落与自然景观（黄色系＋白色系）

图A25　彩叶孤植乔木景观（红色系＋绿色系）

图A26　群植樱花景观（红色系＋绿色系）

（5）园林植物的配置应根据地形、地貌，不同形、态、色的植物，而且相互之间不能造成视觉上的抵触，也不能与其他园林建筑及园林小品在视觉上相抵触。

图A27　园林植物与园林小品搭配

图A28　草坪＋乔木景观植物搭配

图A29 湿地公园栈道旁园林景观植物搭配

图A30 自然田园景观（冷色＋暖色＋中性色 色彩对比）

图A31　孤植＋丛植物

图A32　道路景观色彩景观搭配

图A33 建筑景观+植物景观

图A34 道路景观植物配置

附录B

表B1　林芝市城市园林景观植物表

序　号	植物名称	植物类型	主要观赏特性	主色调	常见植物搭配方式
1	日本落叶松	乔木	观叶	绿色、黄色	草坪
2	林芝云杉	乔木	观叶	绿色	成行种植
3	黄杨叶栒子	灌木	观叶、观果	绿色、红色	绿篱
4	水杉	乔木	观叶	绿色、红色	草坪
5	红叶石楠	灌木	观叶	红色	绿篱
6	雪松	乔木	观叶	绿色	行道树
7	杏梅	灌木	观花、观叶	红色、绿色	行道树
8	白柳	乔木	观叶	绿色	行道树、孤植
9	塔柏	乔木	观叶	绿色	行道树
10	光核桃	乔木	观花	粉色、绿色	孤植
11	紫藤	木质藤本	观花	紫色	绿篱
12	日本晚樱	乔木	观花	粉红	行道树
13	向日葵	草本	观花	黄色	成片种植
14	金叶女贞	灌木	观叶	金色	丰富色彩或组成图案
15	悬铃木	乔木	观叶	绿色、黄色	孤植、行道树
16	乔松	乔木	观叶	绿色	行道树
17	连翘	灌木	观花	黄色	孤植、行道树
18	干香柏	乔木	观叶	绿色	孤植，行道树

序　号	植物名称	植物类型	主要观赏特性	主色调	常见植物搭配方式
19	白桦	乔木	观叶、观形	绿色、白色	孤植、行道树、成片种植
20	金钟花	灌木	观花、观叶	黄色、绿色	绿篱
21	郁金香	草本	观花	各种颜色	成片种植
22	秋英	草本	观花	各种颜色	成片种植
23	月季	灌木	观花	各种颜色	成片种植
24	蒙桑	乔木	观叶	绿色、黄色	孤植
25	红枫	灌木	观叶	红色	孤植、行道树、成片种植
26	菊花	草本	观花	各种颜色	成片种植
27	元宝枫	乔木	观叶	绿色、红色	行道树、成片种植
28	山荆子	乔木	观叶	绿色、红色	行道树、成片种植
29	二乔玉兰	乔木	观叶、观花	粉红、绿色	孤植、成片种植
30	金鸡菊	草本	观叶、观花	红色	孤植、成片种植
31	轮叶八宝	草本	观花	粉色	成片种植
32	大丽花	草本	观花	各种颜色	成片种植
33	卷丹	草本	观花	红色	成片种植
34	榆叶梅	乔木	观花、观叶	红色、绿色	行道树

续表

序 号	植物名称	植物类型	主要观赏特性	主色调	常见植物搭配方式
35	紫穗槐	灌木	观花、观叶	紫色、绿色	行道树
36	北京杨	乔木	观叶	黄色、绿色	行道树
37	核桃	乔木	观叶、观姿	绿色	孤植、成片种植
38	多蕊金丝桃	灌木	观花	黄色	成片种植
39	孔雀草	草本	观花	黄色	成片种植
40	太白深灰槭	乔木	观叶	绿色	孤植、成片种植
41	皱皮木瓜	灌木	观花、观叶、观果	绿色、粉红	孤植、成片种植
42	西南花楸	乔木	观花、观果、观叶	粉色、红色	孤植、成片种植
43	血满草	草本	观叶、观花、观果	绿色、黄色	成片种植
44	圆锥山蚂蝗	灌木	观花	粉红	成片种植
45	凤尾丝兰	灌木	观花、观叶	白色、绿色	孤植
46	绢毛木姜子	乔木	观叶、观花	绿色、黄色	孤植、成片种植、行道树
47	毛叶绣球	乔木	观叶、观花	白色、绿色	孤植
48	藏川杨	乔木	观叶	绿色	孤植、行道树
49	草红花	草本	观花	红色	花坛种植

序　号	植物名称	植物类型	主要观赏特性	主色调	常见植物搭配方式
50	牛奶子	灌木	观花、观叶、观果	白色、红色	成片种植
51	草莓凤仙花	草本	观花	紫红色	花坛种植
52	唐菖蒲	草本	观花	红色	成片种植
53	大叶黄杨	灌木	观叶	绿色	成片种植
54	七姊妹	灌木	观花	粉红	孤植
55	沙棘	乔木	观果	黄色	孤植、成片种植
56	窄叶火棘	灌木	观花、观果	白色、红色	绿篱
57	苹果	乔木	观花、观果、食用	白色、红色	孤植、行道树
58	芍药	草本	观花	红色	成片种植
59	桂花	乔木	观叶、观花	白色、红色	孤植、行道树
60	萱草	草本	观花	黄色	成片种植
61	一串红	草本	观花	红色	成片种植
62	酢浆草	草本	观花	紫色、黄色	成片种植
63	旱金莲	草本	观花	紫红、橘红、乳黄	成片种植
64	红叶李	灌木	观叶	紫红色	行道树
65	车轴草	草本	观叶、观花	白色、红色	草坪绿化
66	月见草	草本	观花	黄色	草坪绿化

续表

序　号	植物名称	植物类型	主要观赏特性	主色调	常见植物搭配方式
67	三色堇	草本	观花	紫、白、黄三色	草坪绿化
68	高丛珍珠梅	灌木	观叶、观花	绿色、白色	孤植
69	银白杨	乔木	观叶	银白色	孤植、行道树
70	大花黄牡丹	灌木	观花、观叶	黄色	孤植、成片种植
71	百合	草本	观花	白色、红色	丛植
72	中华金叶榆	乔木	观叶	金黄色	行道树
73	小蜡	灌木	观花、观叶	白色、绿色	孤植
74	西藏箭竹	灌木	观叶	绿色	丛植
75	桑	灌木	观叶	绿色	孤植
76	腺果大叶蔷薇	灌木	观花	红色	丛植
77	川西樱	乔木	观花、观果	绿色、红色	孤植、行道树
78	垂丝海棠	灌木	观花	粉红色	孤植、行道树
79	红叶小檗	灌木	观叶	红色	丛植
80	金盏菊	草本	观花	黄色	丛植
81	龙爪槐	灌木	观叶	绿色	孤植
82	荷花玉兰	乔木	观叶、观花	绿色、白色	行道树、孤植
83	锦带花	灌木	观叶、观花	玫瑰红色	孤植、成片种植
84	小果紫薇	乔木	观叶	绿色	行道树

序　号	植物名称	植物类型	主要观赏特性	主色调	常见植物搭配方式
85	北非雪松	乔木	观叶	绿色	行道树
86	高山松	乔木	观叶	绿色	行道树
87	华山松	乔木	观叶	绿色	行道树
88	北美短叶松	乔木	观叶	绿色	行道树
89	油松	乔木	观叶	绿色	行道树
90	急尖长苞冷杉	乔木	观叶	绿色	孤植
91	大果圆柏	乔木	观叶	绿色	孤植、行道树
92	巨柏	乔木	观叶	绿色	孤植、行道树
93	西藏柏木	乔木	观姿	绿色	孤植、行道树
94	绿干柏	乔木	观叶	绿色	孤植、行道树
95	侧柏	小乔木	观叶	绿色	孤植、行道树
96	洒金千头柏	灌木	观叶	绿色	孤植、丛植
97	银杏	乔木	观叶	绿色	孤植、行道树
98	龙爪柳	乔木	观形、观叶	绿色	孤植、行道树
99	绦柳	乔木	观形、观叶	绿色	孤植、行道树
100	法桐	乔木	观叶	绿色	孤植、行道树
101	山杨	乔木	观叶	绿色	孤植、行道树
102	乌柳	小乔木	观叶	绿色	孤植、行道树
103	白玉兰	小乔木	观花、观叶	绿色	孤植、群植

续表

序　号	植物名称	植物类型	主要观赏特性	主色调	常见植物搭配方式
104	裂叶蒙桑	乔木	观叶	绿色	孤植
105	川滇高山栎	乔木	观叶	淡黄色	孤植、群植
106	粉花绣线菊	灌木	观花	粉红色	群植
107	碧桃	乔木	观花、观叶	红色、绿色	孤植、行道树
108	日本铁梗海棠	灌木	观花、观叶	绿色	孤植、群植
109	毛叶木瓜	灌木	观花、观果	红色、绿色	孤植、群植
110	白梨	小乔木	观花、观果	白色、绿色	孤植、群植
111	山楂	灌木	观花、观果	绿色、红色	孤植、群植
112	皱叶醉鱼草	灌木	观花	粉红色	丛植
113	西府海棠	乔木	观花	白色	孤植
114	现代月季	灌木	观花、观叶	红色	孤植、丛植
115	粉枝莓	木质藤本	观花、观果	黄色	丛植
116	国槐	小乔木	观叶	绿色	孤植、丛植
117	刺槐	乔木	观叶、观花	绿色	孤植、行道树
118	四倍体刺槐	乔木	观花、观叶	绿色、白色	孤植、行道树
119	女贞	小乔木	观花观叶	绿色	行道树
120	金边卵叶女贞	灌木	观叶	黄色	群植
121	迎春	灌木	观花、观叶	绿色、黄色	丛植

序 号	植物名称	植物类型	主要观赏特性	主色调	常见植物搭配方式
122	白丁香	灌木	观花、观叶	白色、绿色	孤植、群植
123	欧洲李	乔木	观叶、观果	绿色	孤植
124	素方花	藤本	观花	紫色、红色	长在桑树上
125	金枝槐	乔木	观叶	金黄色	孤植
126	鸡爪槭	灌木	观叶	红色	孤植、行道树
127	尼泊尔黄花木	灌木	观花	黄色	丛植
128	臭椿	乔木	观叶	绿色	孤植、行道树
129	香椿	乔木	观叶、食用	绿色	孤植、行道树
130	茎花南蛇藤	藤本	观叶	绿色	孤植
131	瓜子黄杨	灌木	观叶	绿色	孤植、丛植
132	美人榆	乔木	观叶	黄色	孤植、行道树
133	腰果小檗	灌木	观叶	紫色	群植
134	南天竹	小灌木	观叶	绿色、红色	丛植、孤植
135	文殊兰	草本	观花	白色	丛植
136	忍冬	藤本	观叶、观花	白色	孤植
137	鱼尾葵	乔木	观叶	绿色	孤植
138	紫荆	灌木	观叶、观花	红色、绿色	孤植、群植
139	长瓣瑞香	灌木	观叶、观果	绿色、红色	群植
140	头状四照花	小乔木	观花、观叶	绿色	孤植

序　号	植物名称	植物类型	主要观赏特性	主色调	常见植物搭配方式
141	滇牡丹	亚灌木	观花、观叶	绿色、黄色	孤植、群植
142	西藏铁线莲	木质藤本	观果	黄色	丛植
143	仙人掌	灌木	观花、观枝	绿色、黄色	盆栽、丛植
144	棕榈	常绿乔木	观形	绿色	列植、丛植或成片栽植
145	郁金	灌木	观花	绿色、粉色	丛植、群植
146	白皮松	乔木	观姿	绿色	孤植、群植
147	黑松	乔木	观姿	绿色	孤植、群植
148	大岛樱	乔木	观花	白色、绿色	孤植、群植
149	染井吉野樱	乔木	观花	浅粉，白	孤植、群植
150	红瑞木	灌木	观枝	红色	孤植、丛植
151	紫玉兰	落叶灌木	观花	紫白	孤植、群植
152	重瓣榆叶梅	落叶灌木，稀为小乔木	观花	粉	孤植、群植
153	郁金樱	乔木	观花	浅绿，白	孤植、群植
154	斑叶桃	落叶小乔木	观花	粉紫	孤植、群植
155	龟甲竹	乔木	观姿	黄绿	群植
156	柳杉	乔木	观姿	绿	群植
157	菊花桃	灌木或小乔木	观花	粉白	群植
158	京舞子	落叶小乔木	观花、观叶	红色	孤植、群植

序　号	植物名称	植物类型	主要观赏特性	主色调	常见植物搭配方式
159	七叶树	落叶乔木	观叶、观花、观果、观姿	红褐色	孤植、群植
160	琼花	灌木	观花、观姿	白色	丛植
161	凝霞紫叶桃	灌木	观花	粉色、紫色	群植
162	粉花山碧桃	乔木	观花	粉色	行道树
163	云南红豆杉	乔木或大灌木	观姿	绿色	群植
164	海桐	常绿灌木或小乔木	观姿	绿色	丛植、绿篱
165	红花檵木	常绿灌木或小乔木	观姿	紫红色	绿篱
166	重瓣垂丝海棠	落叶小乔木	观花	粉色、白色	孤植、群植
167	二色桃	乔木	观花	粉色、紫红色	行道树
168	榆树	落叶乔木	观姿	绿色	造林、行道树
169	榔榆	落叶乔木	观姿	绿色	行道树
170	紫叶桃	落叶灌木，稀为小乔木	观花、观叶	紫色	行道树
171	垂柳	乔木	观姿	绿色	行道树
172	江梅	小乔木，稀灌木	观花、观姿	白色	群植
173	美人梅	落叶小乔木	观花	粉色	群植

续表

序　号	植物名称	植物类型	主要观赏特性	主色调	常见植物搭配方式
174	朱砂梅	小乔木	观花、观姿	紫红色	群植
175	宫粉梅	小乔木	观花	粉色	群植
176	紫叶矮樱	落叶灌木或小乔木	观花、观叶	粉白色	丛植
177	榆叶梅	灌木稀小乔木	观花、观姿	粉红色	孤植、群植
178	红叶榆叶梅	灌木稀小乔木	观花、观姿	粉红色	孤植、群植
179	北美海棠	落叶小乔木	观花、观叶、观果	红色	群植
180	杜梨	落叶乔木	观花、观姿	白色、绿色	行道树
181	藏南杜鹃	常绿灌木或乔木	观姿、观花	白色、粉色	群植、盆栽
182	秋子梨	乔木	观花、观姿	白色、绿色	群植
183	竹芋	灌木	观叶	绿色	孤植、群植
184	八角金盘	灌木	观叶、观果	绿色	群植
185	芭蕉	乔木	观叶	绿色	孤植、群植
186	藏合欢	乔木	观花	绿色、白色	孤植
187	鹅掌藤	藤状灌木	观叶	绿色	丛植
188	番木瓜	小乔木	观叶、观果	绿色	孤植
189	盖裂木	乔木	观叶、观苞片	绿色	孤植
190	工布小檗	灌木	观花	黄色	丛植

序　号	植物名称	植物类型	主要观赏特性	主色调	常见植物搭配方式
191	海南粗榧	乔木	观叶	墨绿色、翠绿色	孤植
192	黑荆	乔木	观叶、观花	深绿色	孤植、行道树
193	红叶红花檵木	灌木	观叶	紫红色	孤植、绿篱
194	厚果崖豆藤	藤本	观叶、观花	黄绿色	花坛种植、盆景
195	黄花风铃木	乔木	观花	黄色	行道树
196	鸡冠刺桐	小乔木	观叶	绿色、红色	孤植
197	夹竹桃	灌木	观叶	红色	群植
198	劲直刺桐	乔木	观花	红色	孤植
199	六月雪	灌木	观叶、观花	白色、绿色	丛植
200	芦苇	草本	观花	绿色、灰红色	丛植
201	络石	藤本	观花	白色、绿色	丛植
202	美丽异木棉	乔木	观树皮、观姿	绿色	孤植
203	榕树	乔木	观叶、观形	绿色	孤植
204	三角梅	藤本	观叶	紫色	沿墙植
205	十大功劳	草本	观叶	绿色	丛植
206	睡莲	浮水植物	观叶、观花	绿色、白色	丛植
207	桫椤	树形蕨类	观叶	绿色	孤植